주기율표로
세상을 읽다

주기율표로 세상을 읽다

우주, 지구, 인체를 이해하는 또 하나의 방법

요시다 다카요시 지음 | 박현미 옮김

해나무

|일러두기|

- 원소 이름은 2016년도 중·고등학교 과학 교과서와 화학 교과서에서 사용되는 명칭으로 표기했고, 대한화학회에서 개정을 권장하는 소듐(Na)과 포타슘(K)은 대괄호([ ]) 안에 병기했다.
- 1987년 맞춤법 및 외래어 표기법 개정 이후 지금까지 널리 사용되고 있는 명칭은 괄호 안의 원자 기호 옆에 병기했다. 예: 아이오딘(I, 요오드), 망가니즈(Mn, 망간)
- 주기율표에서 원자번호 113에서 원자번호 118까지의 원소 이름은 국제 순수 및 응용화학 연맹(IUPAC)이 2016년 12월 19일에 업데이트한 내용을 반영했다.

머리말

여러분은 교토의 거리를 걸어본 적 있나요? 사실 제가 주기율표의 매력에 빠지게 된 원인은 바로 이 교토의 거리입니다.

아시다시피 교토는 동서로 가로지르는 길과 남북으로 달리는 길이 수직으로 교차하는 바둑판 모양의 도시입니다. 저는 그렇게 도로가 정렬된 도시에서 나고 자랐습니다.

교토 번화가의 중심부는 시죠가와라마치(四条河原町)입니다. 남북으로 달리는 가와라마치도오리(河原町通り)와 동서로 달리는 시죠도오리(四条通り)가 교차하는 장소라서 시죠가와라마치라고 하지요.

시죠가와라마치에서 가와라마치도오리의 북쪽으로 난 길이 마음에 들어 저는 그 경로로 자주 산책을 하곤 했습니다. 걸음을 옮기다 보면 가와라마치산죠(河原町三条), 가와라마치니죠(河原町二条)를 지나게 되고, 결국에는 북쪽 끝에 있는 아오이바시(葵橋)에 다다릅니다. 시죠도오리, 산죠도오리, 니죠도오리로 거리 이름에 붙은 숫자가 작아지면 멀리 보이던 북방의 히에잔(比叡山)이

책 앞에 실린 주기율표가 눈에
들어왔습니다. 그 순간 잊고 있었던
고향 교토의 거리가 떠올랐습니다.
주기율표에 나타난 질서가
교토의 세계관도 절묘하게 닮았다는
느낌을 받았기 때문입니다.
교토의 거리와 겹쳐서 바라보니
원소가 자아내는 균형 잡힌 질서와
그런 질서를 절묘하게 표현해낸
주기율표가 너무나 아름답게
느껴졌습니다.

점점 다가와 압도합니다. 교토의 거리가 만들어내는 질서정연함은 어린 저에게 정말 마음 편하게 다가왔습니다.

그후 저는 교토를 떠나 도쿄의 대학으로 진학했고 대학에서는 양자화학(量子化學)을 전공했습니다. 양자화학이란 실험에 의존하지 않고 전자 궤도(오비탈)를 이론적으로 계산함으로써 화학반응의 본질을 해명하는 학문입니다.

그런데 양자화학 연구에 몰두하던 어느 날, 장롱 속에서 고등학교 때 공부하던 화학 교과서를 발견했습니다. 반가운 마음에 오랜만에 그 책을 펼쳐봤는데, 책 앞에 실린 주기율표가 눈에 들어왔습니다. 그 순간 잊고 있었던 고향 교토의 거리가 떠올랐습니다. 주기율표에 나타난 질서가 교토의 세계관과 절묘하게 닮았다는 느낌을 받았기 때문입니다.

가령 주기율표의 오른쪽에서 두 번째 줄에는 다섯 개의 할로젠 원소가 세로로 나열돼 있습니다. 플루오린(F, 플루오르), 염소(Cl), 브로민(Br, 브롬), 아이오딘(I, 요오드), 아스타틴(At)……. 이것은 제게 너무나도 가와라마치도오리처럼 느껴졌습니다.

할로젠은 주기율표에서 하나씩 윗줄로 올라갈수록 원소의 성질이 조금씩 달라집니다. 이것은 가와라마치도오리에서 북쪽으로 향할수록 조금씩 히에잔과 가까워지는 모습과 무척이나 많이 닮았습니다. 교토의 거리와 겹쳐서 바라보니 원소가 자아내는 균형 잡힌 질서와 그런 질서를 절묘하게 표현해낸 주기율표가 너무나 아름답게 느껴졌습니다. 아마도 주기율표에 대한 제 애착의 뿌리에는 질서정연한 아름다움에 이끌렸던 추억이 있는 것 같습니다.

구체적인 예로 할로젠을 말씀드렸지만, 주기율표에서 가장 오른쪽 끝줄의 희유 기체(비활성 기체)나 가장 왼쪽 끝줄의 알칼리 금속, 왼쪽에서 두 번째의 알칼리 토금속 등 주기율표의 양쪽 끝을 차지하는 원소들은 특히 이런 질서를 갖고 있습니다. 그렇기에 주기율표를 바라볼 때마다 가와라마치도오리를 산책했던 그 옛날의 체험이 늘 뇌리에 떠오르게 됩니다.

이처럼 매력이 넘치고 마음이 끌리는 아름다운 존재……. 그것이 원소 주기율표에 대해 제가 갖고 있는 이미지입니다.

하지만 유감스럽게도 주기율표에 이런 이미지를 가진 사람은 저밖에 없을 것 같습니다. 원소 주기율표 하면 여러분은 무엇이 떠오르나요?

"원소를 암기하느라 죽을 뻔했다."

"주기율표가 짜증나서 화학이 싫어졌다."

"공부가 힘들어 죽겠고 이 세상에 주기율표 따윈 없어졌으면 좋겠다."

주기율표에 이런 부정적인 감정을 가진 분이 압도적으로 많은 것 같습니다.

"주기율표는 정말로 재미있어." 혹은 "고등학교 때 주기율표에

로망을 느꼈어."라는 말을 하는 사람을 전 지금껏 만나본 적이 없습니다. 사실 저 역시 고등학생 때는 전혀 재미를 느끼지 못했습니다.

지금 생각해보면 고등학교 화학 시간에 주기율표의 매력을 느끼지 못했던 것은 주기율표를 가르치는 방식에 치명적인 결함이 있었기 때문이라고 생각합니다. 주기율표가 정말로 삶에 도움이 된다는 사실이 우리에게 충분히 전달되지 못했고, 이런 관점만 봐도 현재 주기율표 교육에는 큰 문제가 있다고 생각합니다.

***

양자화학 연구에 열정을 품었지만 결국 사람의 생명과 관련된 일을 하고 싶었던 저는 다시 의학부에 입학했습니다. 졸업하고 의사가 된 후에는 영양소와 독극물 연구를 하면서 처음으로 주기율표가 도움이 된다는 점을 실감했습니다. 전공을 화학에서 의학으로 바꾼 후 주기율표를 좋아하게 된 것은 우연이 아닙니다. 사물을 이해하는 데 도움이 되는 구체적인 예를 많이 접해야 주기율표에 대한 흥미가 생기거든요.

주기율표를 배울 때는 의학 혹은 건강에 어떻게 도움이 되느냐 하는 관점에서 원소를 다루는 것이 아주 중요합니다. 물론 이 책에서는 가능한 한 이런 관점을 적극적으로 받아들였습니다. 의사인 제가 주기율표를 설명하는 이유도 바로 여기에 있습니다.

수업 시간에 주기율표를 가르칠 때 학생들이 흥미를 느끼지 못하는 원인 중 하나는 주기율표가 지닌 매력의 본질이 충분히 설명되지 못했기 때문입니다.

저도 고등학생 때는 주기율표에 나열된 원소의 이름과 성질을 통째로 암기하는 데 급급해서 주기율표란 기껏해야 원소의 일람표 정도로만 생각했습니다. 하지만 대학에서 양자화학을 배우기 시작한 뒤 주기율표를 보는 제 관점은 180도 바뀌었습니다.

주기율표가 뭐냐고 물어보신다면 저는 주저하지 않고 다음과 같이 대답합니다.

'주기율표는 양자화학의 결론을 수식에 의존하지 않고 나타낸 것이다.'

양자화학은 원소의 성질이나 화학반응을 수식으로 밝혀낸 것입니다. 이론적으로 지구 상의 화학반응은 물론이고 우주를 포함해 모든 화학반응을 수식으로 나타낼 수 있습니다.

다만, 수식이 상당히 복잡해서 계산이 쉽지는 않습니다. 1981년에 노벨상을 수상한 후쿠이 겐이치(福井謙一) 박사는 이 과제에 정면으로 도전했고, 새롭게 제창한 프런티어 전자 궤도 이론을 통해 일부 궤도의 계산만으로 화학반응을 해명할 수 있다는 사실을 밝혀냈습니다.

그렇기는 해도 우리 감각으로 화학반응을 이해하려면 수식으로 그려낸 원소의 성질을 어떤 형태로든 도식화해야 합니다. 실은 양자화학의 세계를 누구나 알 수 있도록 일부나마 도식화하는 일에 성공하긴 했지만 그건 주기율표와 별반 차이가 없습니다.

그래서 양자화학을 이해하지 못하는 사람이 가르쳐주는 주기율표 지식은 수박 겉핥기식 지식이라고 저는 생각합니다. 고등학교 화학 수업은 그런 지식을 무작정 주입시키기만 하니 주기율표가 재미있을 리 없습니다.

그래서 이 책에서는 방정식으로 이뤄진 양자화학의 세계관을 주기율표로 접근해서 가능한 한 수식을 사용하지 않고 설명하겠습니다. 끝까지 읽는다면 양자화학이 가진 매력의 본질이 전해질 것이라고 확신합니다.

이 책의 구조는 대강 다음과 같습니다.

1장에서는 주기율표가 어떤 식으로 만들어졌는지, 원소란 무엇인지에 대해서 이야기합니다. 얼핏 봐서는 복잡하고 무질서하게 보이는 주기율표이지만 제대로 포인트를 잡으면 아름다운 교향곡 악보처럼 원소가 질서정연하게 나열되어 하모니를 이룬다는 사실을 알게 될 것입니다.

2장에서는 원소를 통해 우주의 탄생을 살펴봅니다. 자연계에 있는 원소는 지구가 아닌 우주에서 탄생했습니다. 주기율표를 활용해서 그 궤적을 좇다 보면 우주가 어떻게 진화했는지를 알 수 있습니다.

나아가 우주의 탄생 과정을 알면 인간에 이르기까지 진화의 단계를 밟아온 생명의 역사를 풀어낼 수 있습니다. 우주와 생명과의 관계를 해명하는 학문을 우주생물학이라고 하는데 근래에 미국과 유럽을 중심으로 활발하게 연구되고 있습니다.

3장에서는 이런 연구 성과를 토대로 우주에 있는 원소와 인체에 있는 원소의 공통점을 추적합니다.

4장에서는 시점을 확 끌어당겨서 우리의 몸을 구성하는 원소를 살펴봅니다. 인체는 정밀기기를 훨씬 뛰어넘는 고성능 장치라고 할 수 있습니다. 특히 중요한 것은 신경과 근육의 구조입니다. 우리 몸을 움직일 수 있도록 도와주는 이들 기능의 이면에는 주기율표가 만들어내는 원소의 마술이 숨어 있습니다.

5장에서는 화제의 원소인 희토류를 다룹니다. 희토류에는 어떤 원소가 있는지, 왜 이렇게까지 세계의 경제를 쥐고 흔드는지를 살펴보겠습니다. 주기율표에서는 희토류가 독특한 위치에 자리를 잡고 있는데, 바로 그 점이 현재의 주기율표 형태에 큰 영향을 줬습니다. 하지만 원소의 성질을 보다 완벽하게 표현하려면 사실 다양한 형태의 주기율표를 생각해봐야만 합니다. 그래서 기존의 관념에 사로잡히지 않은 독특한 형태의 주기율표를 추가로 소개하겠습니다.

원소는 상온에서 고체가 되는 것, 액체가 되는 것, 기체가 되는 것으로 나눠집니다. 6장에서는 그중에서 기체 원소에 초점을 맞춥니다. 우리를 둘러싼 대기가 어떤 원소로 채워져 있는지 이번 기회에 공부했으면 합니다. 주기율표로 나타낸 세계관 중에서 제가 가장 아름답다고 느끼는 것은 주기율표에서 오른쪽 끝에 위치한 희유 기체라고 불리는 원소들입니다. 왜 이 원소들이 주기율표 안에서도 월등하게 아름다운 특징을 갖고 있는지를 설명해드리겠습니다.

생명체를 유지하는 데 꼭 필요한 원소가 있는가 하면 다른 한편으로 독이 되는 원소도 많이 존재합니다. 그래서 마지막 장에서는 과거에 일어난 4대 공해병을 예로 들면서 원소의 독성에 대해 살펴보도록 하겠습니다.

자, 지금부터 주기율표라는 보물섬의 지도를 손에 쥐고 우주와 인체의 비밀을 탐구하는 대탐험에 나서 볼까요? 어려울 것 같다고 미리 걱정하실 필요는 없습니다. 주기율표라는 나침반에 의지한다면 길을 헤맬 일은 없습니다. 무사히 보물섬에 도착해서 자연의 섭리가 자아낸 장대한 광경을 마음껏 즐길 수 있게 될 것입니다. 이 책을 다 읽고 나면 아마 자연과학에 대한 흥미가 훨씬 더 깊어졌을 것이라고 확신합니다.

전형원소 (1–2) / 전이원소 (3–)

주기	1	2	3	4	5	6	7	8
1	1 H 수소							
2	3 Li 리튬	4 Be 베릴륨						
3	11 Na 나트륨[소듐]	12 Mg 마그네슘						
4	19 K 칼륨[포타슘]	20 Ca 칼슘	21 Sc 스칸듐	22 Ti 타이타늄	23 V 바나듐	24 Cr 크로뮴	25 Mn 망가니즈	26 Fe 철
5	37 Rb 루비듐	38 Sr 스트론튬	39 Y 이트륨	40 Zr 지르코늄	41 Nb 나이오븀	42 Mo 몰리브데넘	43 Tc 테크네튬	44 Ru 루테늄
6	55 Cs 세슘	56 Ba 바륨	57~71 란타넘족	72 Hf 하프늄	73 Ta 탄탈럼	74 W 텅스텐	75 Re 레늄	76 Os 오스뮴
7	87 Fr 프랑슘	88 Ra 라듐	89~103 악티늄족	104 Rf 러더포듐	105 Db 두브늄	106 Sg 시보귬	107 Bh 보륨	108 Hs 하슘
	알칼리 금속	알칼리 토금속						

57 La 란타넘	58 Ce 세륨	59 Pr 프라세오디뮴	60 Nd 네오디뮴	61 Pm 프로메튬
89 Ac 악티늄	90 Th 토륨	91 Pa 프로트악티늄	92 U 우라늄	93 Np 넵투늄

원자번호
원소 기호
원소 이름

전형원소

전이원소

전형원소

11	12	13	14	15	16	17	18
							2 He 헬륨
		5 B 붕소	6 C 탄소	7 N 질소	8 O 산소	9 F 플루오린	10 Ne 네온
		13 Al 알루미늄	14 Si 규소	15 P 인	16 S 황	17 Cl 염소	18 Ar 아르곤
29 Cu 구리	30 Zn 아연	31 Ga 갈륨	32 Ge 저마늄	33 As 비소	34 Se 셀레늄	35 Br 브로민	36 Kr 크립톤
47 Ag 은	48 Cd 카드뮴	49 In 인듐	50 Sn 주석	51 Sb 안티모니	52 Te 텔루륨	53 I 아이오딘	54 Xe 제논
79 Au 금	80 Hg 수은	81 Tl 탈륨	82 Pb 납	83 Bi 비스무트	84 Po 폴로늄	85 At 아스타틴	86 Rn 라돈
111 Rg 뢴트게늄	112 Cn 코페르니슘	113 Nh 니호늄	114 Fl 플레로븀	115 Mc 모스코븀	116 Lv 리버모륨	117 Ts 테네신	118 Og 오가네손
						할로젠	희유 기체(비활성 기체)
64 Gd 가돌리늄	65 Tb 터븀	66 Dy 디스프로슘	67 Ho 홀뮴	68 Er 어븀	69 Tm 툴륨	70 Yb 이터븀	71 Lu 루테튬
96 Cm 퀴륨	97 Bk 버클륨	98 Cf 캘리포늄	99 Es 아인슈타이늄	100 Fm 페르뮴	101 Md 멘델레븀	102 No 노벨륨	103 Lr 로렌슘

원소 주기율표

차례

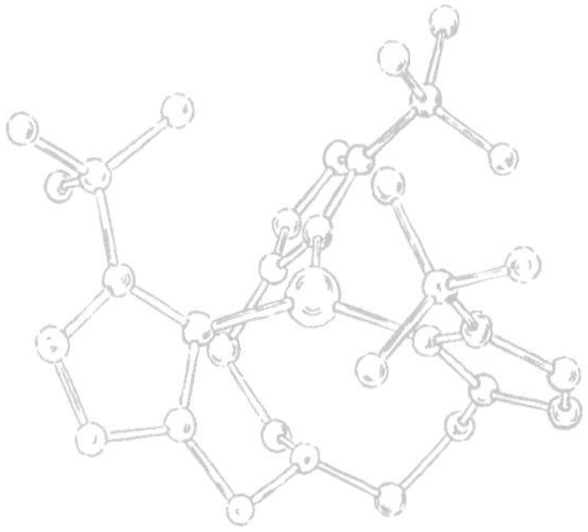

1장

주기율표에는 무엇이 적혀 있나?

원소 주기율표는 양 끝에서 공격하자!

주기율표의 세로 줄은 왼쪽에서부터 1족, 2족, 3족……, 이런 식으로 순서대로 숫자가 붙어 있으며 가장 오른쪽 줄이 18족입니다. 족(族)이란 것은 비슷한 타입들이 세로로 모여 있다는 것을 의미합니다.

학교에서 수업을 할 때는 "1족의 원소는……", "2족 원소는……" 이런 식으로 주기율표의 왼쪽에서부터 오른쪽으로 순서대로 배웠을 것입니다. 교과서나 참고서 역시 '1장 1족의 원소', '2장 2족의 원소', 이런 식으로 구성된 것이 많습니다.

하지만 화학 연구에 몸담고 있는 전문 연구자들은 주기율표를 그렇게 바라보지 않습니다. 원소 주기율표를 조감해서 볼 때 가장 중요한 철칙은 바로 다음과 같습니다.

'주기율표는 왼쪽에서부터가 아니라 양 끝에서 공략한다.'

축구 시합을 할 때 수비가 두터운 중앙을 공격하기보다 양 끝에서 돌파하는 편이 좋다고 하는데 주기율표를 공략하는 경우도 마찬가지입니다. 양 끝에서 공격해야 훨씬 효율적으로 이해가 됩니다. 이유는 주기율표는 양 끝으로 갈수록 세로로 늘어선 원소들의 특징이 뚜렷하기 때문입니다.

반면 주기율표의 가운데 부근은 전자 배치가 복잡한 경향을 보입니다. 그렇기 때문에 같은 줄이라도 반드시 원소의 성질이 비슷하다고는 할 수 없습니다.

참고로 저는 족이라는 명칭을 개인적으로 좋아하지 않습니다. 족이라고 하면 바로 폭주족이 연상되곤 하는데, 과거에 유행한 태양족, 미유키족 같은 말처럼 단지 비슷한 타입이 모여 있다는 것뿐 아니라 사회에 반발한다는 뉘앙스가 포함돼 있는 것처럼 느껴집니다. 족의원(族議員, 일본에서 이권이 관련된 특정업계의 이익을 대표하는 의원들 — 옮긴이)이라는 단어에도 확실히 부정적인 의미가 포함되어 있습니다.

영어로는 1족, 2족, 3족을 그룹1, 그룹2, 그룹3이라고 부릅니다. 이 호칭은 상당히 심플해서 친근하게 느껴집니다. 학자들이 어려운 용어를 선호하는 편이더라도 저는 이 정도면 괜찮다고 봅니다. 실제로 일본 연구자들끼리 이야기를 할 때도 그룹이라는 명칭을 사용하는 경우가 많습니다.

세로로 비슷한 전형원소, 가로로 비슷한 전이원소

주기율표의 양 끝과 중앙 부근에서 보이는 성질의 차이는 원소의 호칭에도 나타납니다.

양 끝에 해당되는 1족에서 2족, 12족에서 18족은 '전형원소(典型元素)'라고 부릅니다. 이것은 원소의 주기성이 전형적으로 나타난다는 것을 알려줍니다.

3족에서 11족은 '전이원소(轉移元素)'라고 부릅니다. 전이는 변한다는 의미이지요. 주기율표에서 전형원소인 2족에서 12족으로 변하는, 즉 연결해주는 원소라는 말입니다.

연결해주는 원소라고 해서 대충 아무렇게나 묶인 것은 아닙니다. 전이원소는 세로로는 줄이 길지 않습니다. 하지만 원소의 가로 줄끼리 성질이 비슷하고 3족에서 11족까지 주름이 잡히듯 이어졌기에 이런 이름이 붙여졌습니다.

세로로 나열된 원소들이 어느 정도 성질이 닮아 있는지, 전형원소 중에서 1위부터 4위까지 순위를 매긴다면 저는 다음과 같이 매기겠습니다.

① 18족(희유 기체)

② 1족(알칼리 금속)

③ 17족(할로젠)

④ 2족(알칼리 토금속)

실제로 2위와 3위는 미묘해서 1족보다 17족이 더 유사한 성질을 갖는다고 생각하는 연구자도 있습니다. 다만 양 끝줄로 갈수록 원소의 유사성이 높고 안쪽 줄일수록 유사성이 감소한다는 점에 대해서는 이견이 없습니다.

유사성이 가장 월등한 것은 18족의 희유 기체라는 사실도 의심의 여지가 없습니다. 왜냐하면 18족의 원소는 모두 전자 궤도가 전자로 정원을 꽉 채운 만석 상태이기 때문입니다. 이 때문에 이

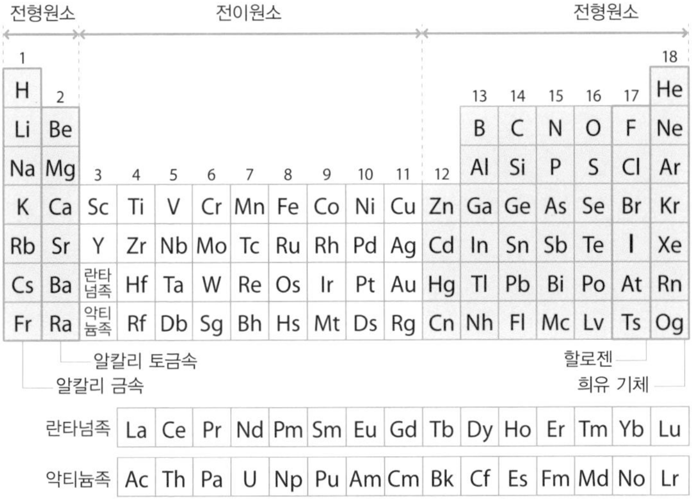

그림 1-1. 주기율표는 양 끝에서 공격한다

그룹에 속한 원소는 일부를 제외하고 다른 원자와 접촉해 화학반응을 일으키는 경우가 없습니다.

이 희유 기체에 대해서는 6장에서 자세하게 소개하겠습니다.

예언이 적중한 미지의 원소

모든 원자는 중심부에 원자핵이 있으며 그 주위를 전자가 돌고 있습니다. 원자핵은 전기적으로 +1(플러스 1가)인 양성자와 전기적으로 중성인 중성자가 몇 개 모여 만들어졌습니다. 그리고 그 주위를 도는 전자는 전기적으로 −1(마이너스 1가)입니다. 원자 전체는 원자핵의 양성자 개수와 원자핵의 주위를 도는 전자 개수

러시아 화학자 드미트리 멘델레예프는
원소가 주기적으로 성질이 닮았다는
사실을 알고는, 1869년 그 법칙을
일람표로 정리했습니다.
그것이 주기율표입니다.
원자의 구조를 잘 몰랐던 당시로서는
다양한 원소의 관계성을
한눈에 볼 수 있도록 표현한 것은
상당히 획기적인 일이었습니다.

가 같아서 전기적으로 중성입니다.

원자핵의 양성자의 개수는 '원자번호'라고 불립니다. 간단히 말해 주기율표는 이 원자번호의 순서에 따라 왼쪽에서 오른쪽으로 원소를 나열한 것입니다. 첫 번째는 양성자가 한 개인 수소, 두 번째는 양성자가 두 개인 헬륨, 세 번째는 양성자가 세 개인 리튬……, 이런 식입니다.

당연히 원자핵을 도는 전자의 개수도 원자번호와 일치합니다. 즉 원자번호의 순서에 맞춰서 전자수가 하나씩 늘어납니다. 그러면 주기율표의 형태로 배열했을 경우 '원자가전자'(가장 바깥쪽 '원자가껍질'에 들어 있는 전자)의 상태가 비슷한 원소가 절묘하게 세로로 나열됩니다(보어의 원자 모형에 따르면, 전자는 특정한 에너지를 가진 궤도를 따라 빠르게 원운동을 한다. 이 궤도를 전자껍질이라고 하며, 가장 바깥쪽 전자껍질을 '원자가껍질'이라고 한다 — 옮긴이).

러시아 화학자 드미트리 멘델레예프는 원소가 주기적으로 성질이 닮았다는 사실을 알고는, 1869년 그 법칙을 일람표로 정리했습니다. 그것이 주기율표입니다. 원자의 구조를 잘 몰랐던 당시로서는 다양한 원소의 관계성을 한눈에 볼 수 있도록 표현한 것은 상당히 획기적인 일이었습니다. 게다가 일람표로 나타낼 때의 편리함을 선명하게 보여준 것은 '미지의 원소 예언'입니다. 멘델레예프는 원소의 일람표 속에서 해당 원소가 발견되지 않은 곳을 빈 칸으로 놔두었습니다. 그리고 그곳에 들어가야 할 원소를 예언하고 가상의 이름까지 붙였습니다.

예를 들어 주기율표에서 알루미늄(Al)의 바로 아래 빈 칸에 들어오는 원소는 에카 알루미늄, 규소(Si)의 바로 아래 빈 칸에 들어오는 원소는 에카 규소라고 이름을 붙였습니다. 에카는 산스크리트어로 1을 의미합니다. 알루미늄의 하나 아래라는 의미에서 에카 알루미늄, 규소의 하나 아래라는 의미에서 에카 규소라는 이름을 붙인 것입니다.

그후 에카 알루미늄과 에카 규소가 실제로 발견됐습니다. 우선, 1875년에 프랑스 화학자 폴 부아보드랑이 아연의 유화광물 속에서 갈륨(Ga)을 발견했습니다. 그 성질을 살펴봤더니 주기율표의 빈 칸에 들어가는 원소, 즉 멘델레예프가 에카 알루미늄이라고 이름 붙인 원소였습니다.

1886년에는 독일 화학자 클레멘스 빙클러가 아지로다이트라는 은 광석 속에서 저마늄(Ge, 게르마늄)을 분리하는 데 성공했습니다. 이 원소는 주기율표의 빈 칸에 들어가는 원소, 그러니까 멘델레예프가 에카 규소라고 이름 붙인 원소였습니다.

이렇게 새로운 원소가 차례로 발견돼서 주기율표의 빈 칸들이 멘델레예프가 예언한 대로 메워지게 됩니다. 이로 인해 주기율표의 정확성은 의심할 여지가 없게 됐고, 주기율표는 화학의 정식 무대에 화려하게 데뷔하게 됐습니다. 멘델레예프의 탁월한 혜안에는 그저 경탄을 금치 못할 뿐입니다.

새로운 원소가 차례로 발견돼서
주기율표의 빈 칸이 멘델레예프가
예언한 대로 메워지게 됩니다.
이로 인해 주기율표의 정확성은
의심할 여지가 없게 됐고,
주기율표는 화학의 정식무대에
화려하게 데뷔하게 됐습니다.

다만 현재의 주기율표 교육은 이런 역사적 사실에만 너무 지나치게 치우쳐 있는 것 같습니다. 멘델레예프에게는 경의를 표하지만 진정한 주기율표의 매력을 실감하려면 앞에서 말씀드렸던 것처럼 양자화학에 대한 이해가 어느 정도는 필요합니다. 왜냐하면 주기율표란 양자화학의 결론을 수식에 의존하지 않고 나타낸 것이라고 말할 수 있기 때문입니다.

양자화학이란 무엇인가?

그렇다면 양자화학이란 무엇을 밝히기 위한 학문일까요? 원소주기율표 자체에 관심을 가졌다가도 구체적으로 이런 얘기를 시작하려고 하면 갑자기 거부 반응을 보이는 이들이 많은 것 같습니다. 화학을 전공하는 학생들조차 이 벽에 부딪혀서 좌절하는 경우도 있습니다.

사람의 몸은 약 10의 28승(10^{28})개의 원자로 이루어져 있습니다. 10^{28}을 양(穰)이라고 하니 인체를 구성하는 원자는 1양 개가 됩니다. 숫자는 네 자릿수마다 만, 억, 조, 경, 해, 자, 양의 순서로 커지니 원자의 입장에서 바라봤을 때 우리는 굉장히 거대한 세계에서 살고 있습니다.

1양 개의 세계에서 살아가는 우리의 상식은 원자 한 개의 세계에서는 통용되지 않습니다. 예를 들어서 오후 7시 30분 정각에 시부야 역 서쪽 출입구에서 만나자고 약속했다고 해보죠. 우리가 사는 거대한 세계에서는 이렇게 시간과 위치를 동시에 확정할 수 있습니다. 그러니 게으름을 피우지 않는다면 제 시간에 약속 장소에서 약속한 사람을 만날 수가 있습니다. 하지만 원자 한 개가 사는 작은 세계에서 이런 상식은 통용되지 않습니다. 시간과 위치를 동시에 확정하기란 불가능합니다.

시간을 정하면 정확한 위치를 정할 수 없고, 위치를 정하면 정확한 시간을 결정할 수 없습니다. 이것을 '불확정성 원리'라고 합니다. 위치와 시간을 동시에 정확하게 나타낼 수 없고, 단지 확률 분포로만 알 수 있습니다. 원자라는 마이크로 세계에는 이처럼 확률로밖에 다룰 수 없는 막연한 물리법칙이 지배하고 있습니다.

대체 무슨 소린지 이해가 안 된다고 하는 반응이 대부분일 겁니다. 사실 저 역시도 처음엔 그렇게 느꼈습니다. 양자화학을 배운 후에도 확률을 수식으로 다룰 수 있게 된 것뿐이지 직감적으로 이해했느냐 하면, 그것도 솔직히 자신이 없습니다.

변명처럼 들릴 수 있겠지만, 이것은 제 공부가 부족해서가 아닙니다. 원자 한 개의 세계를 원자 1양 개의 세계 상식을 가지고 이해한다는 것은 애초에 불가능하며 사실 의미도 없습니다.

실제로 20세기의 가장 위대한 물리학자라고 불리는 아인슈타인조차도 끝까지 양자역학을 부정한 채 이 세상을 떠났습니다.

"신은 주사위 놀이를 하지 않는다."

아인슈타인이 남긴 유명한 말입니다. 이 세상의 물리현상이 주사위 놀이처럼 확률로밖에 표현할 수 없다니 말도 안 된다고 주장한 것이죠.

상대성이론이라는, 당시의 상식을 전면적으로 뒤엎은 이론으로 세상을 놀라게 한 천재 아인슈타인조차 양자론을 받아들이지 못했습니다. 하물며 범인인 우리가 직감으로 이해를 못하는 것도 무리가 아닙니다.

하지만 그렇다고 해서 이 학문을 내팽개칠 필요는 없습니다. 양자화학은 확률을 수식으로 분석하면 되고, 또 그걸로 충분합니다. 저 역시 그 정도만 알고 있는데도 양자화학을 이해하는 데 별 지장을 못 느낍니다.

이 책에서는 도식화해서 설명하겠습니다. 이것으로 이미지가 잡힌다면 그것으로 충분합니다. 다만 이것은 어디까지나 도식화한 것에 지나지 않으며 사실은 확률로밖에 표현할 수밖에 없다는 점을 꼭 잊지 말길 바랍니다.

원자핵을 둘러싼 전자의 존재확률

원자라고 하면 대개들 원자핵의 주위를 전자가 둥근 궤도를 그리며 돌고 있다는 이미지를 떠올립니다. 그것도 틀린 것은 아닙니다.

하지만 진정한 원자의 모습은 그렇지 않습니다. 불확정성 원리가 작용하는 마이크로 세계에서는 전자가 어느 순간에 어느 장소

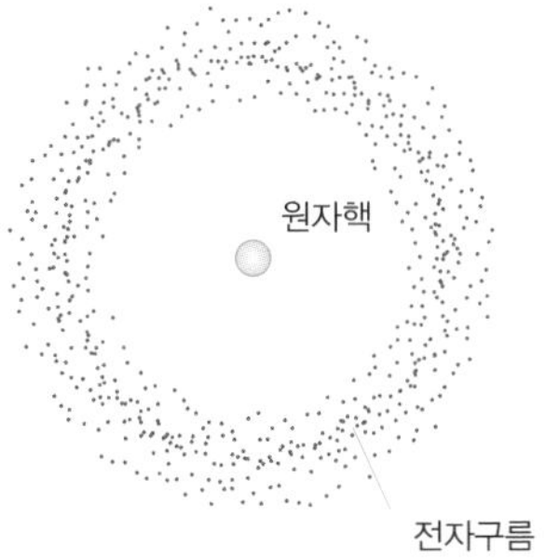

그림 1-2. 전자구름

에 있는지 확정하는 일이 애초에 불가능합니다.

전자의 위치를 굳이 표현하자면 그림 1-2처럼 구름과 비슷한 형태입니다. 전자라는 알갱이가 어떤 순간에 원자핵 주위의 특정 위치에 존재하는 것이 아니고, 전자가 존재할 확률이 원자핵 주변에 구름처럼 퍼져 있다는 것이 정확한 표현입니다.

이것을 '전자구름'이라고 부릅니다. 편의적으로 '전자 궤도'라고 부르지만, 정확하게 말하면 원자핵 주위에 퍼져 있는 것은 '전자의 존재확률'입니다.

$$\left[-\frac{h^2}{2m}\frac{d^2}{dx^2} + U(x) \right]\psi(x) = E\psi(x)$$

슈뢰딩거 방정식

위와 같은 '슈뢰딩거 방정식'을 풀어보면 존재확률을 구할 수 있습니다. 바꿔 말하면 이 방정식으로 원소의 성질이나 화학반응을 규명하는 것이 양자화학이라는 학문입니다.

이 방정식에 대한 해설은 다른 기회에 말씀드리겠지만 이 방정식을 우리가 사는 세계에 대응시켜보면,

운동에너지 + 위치에너지 = 전체에너지

라는 것을 나타냅니다.

저 역시 맨 처음 이 방정식을 봤을 때 꽤나 복잡하다고 생각했습니다. 하지만 극단적으로 말씀드리면 생명을 포함한 지구 상의 모든 화학반응은 이 단 하나의 방정식에 의지해서 일어난다고 할 수 있습니다. 그렇게 생각했더니 오히려 자연의 원리가 심플하고 아름답기까지 해서 감동하고 말았습니다.

참고로 이 방정식은 일반적으로 고성능 컴퓨터의 힘을 빌어서 풀 수밖에 없습니다. 이런 분야를 계산화학이라고 부르는데 현재 양자화학에서 중심 역할을 하고 있습니다.

전자는 안쪽 궤도부터 채워나간다

슈뢰딩거 방정식을 풀어보면 각각의 전자가 어떤 궤도를 그리는지 구해낼 수 있습니다. 양자화학을 전공하던 무렵에는 저도 열심히 방정식을 풀었는데 이게 상당히 복잡합니다.

1980년대에는 컴퓨터 성능이 좋지 않아서 까다롭지 않은 계산을 하는데도 꼬박 1주일 정도가 걸렸습니다. 덕분에 연구 발표 시간에 늦을까 봐 가슴을 졸인 적도 있었습니다.

컴퓨터의 성능이 비약적으로 발전한 지금은 수소 같은 극히 일부의 예외를 제외하면 전자 궤도를 완전히 구할 수 있게 됐습니다. 하지만 전자 궤도는 심오한 만큼 깊이 들어가면 들어갈수록 점점 더 복잡해집니다. 이 책에서는 핵심을 파악하는 선에서 그칠까 합니다.

이 방정식을 원자에 관해서 풀면 전자의 '오비탈(궤도함수)'과 '궤도에너지'가 구해집니다. 오비탈이란 전자의 운동 상태를 나타내며, 이 절댓값의 제곱이 전자의 존재확률에 상응합니다. 즉 전자구름의 형태는 오비탈로 결정된다는 이야기입니다(오비탈이란 전자를 발견할 확률이 높은 공간 영역으로, 전자의 분포 모양을 나타내는 함수이다—옮긴이).

궤도에너지란 각각의 오비탈이 가지는 에너지의 크기를 나타냅니다. 어떤 오비탈에서부터 전자가 순서대로 채워지는지 알고 싶다면 궤도에너지를 구하는 것이 중요합니다.

오비탈들은 각각 크기가 다른 에너지를 갖고 있습니다. 물은 높은 곳에서 낮은 곳으로 흐르고, 낮은 장소부터 순서대로 채워집니다. 이와 마찬가지로 전자 역시 에너지가 낮은 오비탈부터 순서대로 채워집니다. 예외는 있지만, 안쪽 오비탈일수록 에너지가 낮은 경향을 보입니다. 그래서 원소는 대부분 안쪽의 오비탈부터 순서대로 전자가 채워집니다(안쪽 오비탈의 에너지 준위보다 바깥쪽 오비탈의 에너지 준위가 더 낮을 경우 바깥쪽부터 전자가 채워진다 — 옮긴이).

원소의 성질을 결정하는 '채우고 남은 전자'

그럼 이제 주기율표를 살펴볼까요? 머리말에서 주기율표는 교토의 거리와 닮았다고 말씀드렸습니다. 예를 들어 시죠가와라마치라고 하면 동서를 달리는 시죠도오리와 남북을 달리는 가와라마치도오리가 교차하는 장소라는 점에서, 왜 주기율표를 교토의 거리와 닮았다고 하는지 예상했을 것 같습니다.

교토의 거리와 마찬가지로 바둑판 모양의 주기율표도 세로 방향의 요소와 가로 방향의 요소가 교차하며, 주기율표 속의 위치로 원소의 성질을 대강 짐작할 수 있습니다.

우선은 세로 방향부터 말씀드리겠습니다. 주기율표에서 똑같은 줄에 있다는 것은 대체 무엇을 의미하는 걸까요?

원소와 주기율표의 관계에서 가장 중요한 것은 다음의 두 가지입니다.

1. 주기율표의 세로로 한 줄은 '원자가전자'가 닮은 상태일 경우가 많다.

2. '원자가전자'의 숫자로 원소의 대체적인 성질이 결정된다.

안쪽 궤도부터 순서대로 전자가 채워진 후 남은 전자가 바깥쪽 궤도로 들어오는데, 세로로 같은 줄에 있는 원소는 이런 '채우고 남은 전자수'가 같을 경우가 많습니다. 이 때문에 세로 방향으로 비슷한 성질의 원소가 모이게 됩니다.

주목해야 할 것은 인체는 가장 바깥쪽 궤도의 원자가전자수로 원소를 판단하고, 그것을 바탕으로 원소를 체내로 받아들일지 말지 결정하는 경우가 많다는 점입니다.

동일본 대지진으로 원전 사고가 일어난 후 뉴스를 통해 빈번하게 접한 세슘이나 스트론튬과 같은 원소를 예로 들어서 그 메커니즘을 얘기해보도록 하겠습니다.

원소를 착각하는 인체

텔레비전 프로그램이나 신문기사에 원전 사고로 인한 내부 피폭을 방지해야 한다며 다음과 같은 이야기를 한 번쯤은 접했을 겁니다.

"세슘이 체내에 축적되지 않으려면 칼륨을 먹어야 한다."

"스트론튬을 체내에 축적하지 않기 위해서 칼슘을 섭취할 것."

칼륨은 신경이나 근육의 세포를
움직이는 데 필수적인 원소입니다.
그래서 인체는 적극적으로 체내로
받아들이려고 합니다.
세슘이 있으면, 인체는
'원자가전자수'가 같은 세슘을
칼륨이라고 착각해서
체내로 받아들이고 맙니다.

그림 1-3. 세슘을 칼륨으로, 스트론튬을 칼슘으로 착각해서 체내로 받아들인다.

왜 이런 말들이 나왔을까요?

주기율표를 보면 세슘은 칼륨[포타슘]과 같은 줄의 두 칸 아래, 스트론튬은 칼슘 바로 아래에 위치합니다. 이런 '같은 줄의 아래 위에 위치한다'는 관계가 주기율표를 풀어주는 열쇠가 되며, 내부 피폭이 일어나기 쉬운 근본적인 이유를 알려줍니다.

칼륨은 신경과 근육의 세포를 움직이는 데 필수적인 원소입니다. 그래서 인체는 적극적으로 칼륨을 체내로 받아들이려고 합니다. 세슘이 있으면, 인체는 원자가전자수가 같은 세슘을 칼륨이라고 착각해서 체내로 받아들이고 맙니다.

다만 평소에 칼륨을 충분히 섭취했다면 인체는 더 이상의 칼륨은 필요 없다고 판단해서 칼륨을 아주 적극적으로 흡수하려 들지는 않습니다. 착각해서 흡수하는 세슘의 양도 적어집니다.

스트론튬의 경우도 마찬가지입니다. 이것 역시 원자가전자의 상태가 위 칸에 있는 칼슘과 닮았기에, 인체는 칼슘으로 착각해서 체내로 받아들이게 됩니다. 따라서 스트론튬의 흡수를 막기 위해서라도 반드시 평소에 칼슘을 충분히 섭취해야 합니다.

알칼리 금속의 친구들

세슘의 원자번호는 55입니다. 즉 원자핵 안에 양성자가 55개가 있고, 이것과 같은 숫자인 55개의 전자가 원자핵의 주위를 돌고 있습니다. 단, 이들 전자는 자유롭게 돌아다니는 것은 아닙니다. 전자가 원자핵의 주위를 어떻게 돌지는 '전자 궤도'로 엄격하게 정해져 있습니다.

세슘의 전자 배치에서 중요한 점은 단 하나의 전자만이 가장 바깥쪽 궤도를 돌고 있다는 사실입니다. 나머지 54개의 전자는 그 안쪽의 몇 개의 궤도를 도는데, 전자 54개로 정원이 다 차버립니다. 때문에 세슘은 남은 전자 한 개가 바깥쪽 궤도를 외롭게 선회하는 상태이고, 이것이 세포에게는 결정적으로 중요합니다.

세슘에 한정된 얘기는 아닙니다. 수많은 원소들은 원자가전자의 배치에 의해 화학반응이 결정됩니다. 물론 안쪽 전자의 상태가 화학반응과 아무런 관련이 없다는 얘기는 아닙니다. 하지만 압도적으로 중요한 것은 원자가전자입니다.

예를 들어 원자가 다른 원자와 결합해서 분자를 만드는 경우 두 개의 원자 사이에 반응이 일어납니다. 바깥에서 다가오는 원자와 반응할 때 가장 커다란 영향을 주는 것이 원자가전자라는 사실은 누구라도 상상할 수 있을 것입니다.

칼륨은 원자번호 19인 원소로 양성자수와 전자수 역시 19개입니다. 이 중 18개가 안쪽 궤도를 돌며 이것으로도 궤도의 정원이 가득 찹니다. 그리고 나머지 전자 한 개만이 바깥쪽 궤도를 돕니다.

그림 1-4의 세슘과 칼륨을 한번 비교해볼까요? 크기는 칼륨이 훨씬 작지만 1개의 원자가전자만 툭 떨어져서 돈다는 점은 똑같습니다.

세슘과 칼륨은 주기율표에서는 가장 왼쪽에 있는 1족에 포함됩니다. 1족의 원소는 가벼운 순서대로 수소(H), 리튬(Li), 나트륨[소듐](Na), 칼륨(K), 루비듐(Rb), 세슘(Cs), 프랑슘(Fr)입니다. 그림 1-5를 보면 알 수 있듯이 안쪽을 돌고 있는 전자수는 다르지만 원자가전자는 예외 없이 모두 한 개입니다.

이 중 수소만 특별 취급을 받고, 나머지 리튬에서 프랑슘까지는 알칼리 금속이라고 불립니다. 이들 원소들은 원자가전자 한 개를 잃고 +1(플러스 1가) 이온이 되기 쉽다는 등 화학적인 성질이 많이 닮았습니다. 금속이지만 물에 녹아서 알칼리성 용액이

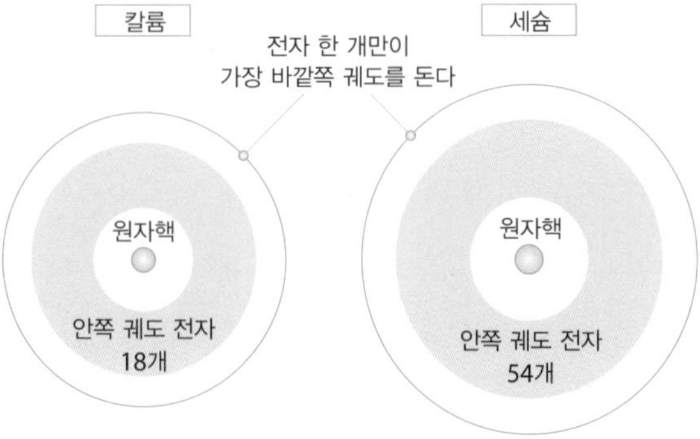

그림 1-4. 칼륨과 세슘의 전자 배치

	원소	안쪽 전자수	원자가 전자수
너무 작아서 특수함	수소 $_{1}H$	없음	1
알칼리 금속	리튬 $_{3}Li$	2	1
	나트륨 $_{11}Na$	10	1
	칼륨 $_{19}K$	18	1
	루비듐 $_{37}Rb$	36	1
	세슘 $_{55}Cs$	54	1
	프랑슘 $_{87}Fr$	86	1

그림 1-5. 알칼리 금속 원소의 전자수

되기에 알칼리 금속이라고 불리는 거죠.

수소가 알칼리 금속에서 제외된 이유는 원래 전자가 한 개뿐인 원소라서 원자 자체가 너무나 작고, 이것이 반응 방식이나 성질에 영향을 주기 때문입니다. 실제로 1족 중에서 수소만 금속이 아니라 기체입니다.

다만 400만 기압이라는 월등히 높은 압력을 가하면 수소도 금속으로 변화합니다. 이것을 금속수소라고 부르는데 이것 역시 알칼리 금속과 같은 성질을 보여줍니다. 따라서 압력이 높은 목성이나 토성의 내부에는 실제로 금속수소가 존재한다고 생각할 수 있습니다.

각각을 주기율표로 정리하면 알칼리 금속인 원소는 가장 왼쪽에서 위아래로 쭉 한 줄로 배열되며 그림1-5처럼 전자 1개가 가장 바깥쪽 궤도를 돕니다. 이런 식으로 풀어낼 수 있는 점이 주기율표의 진수라고 할 수 있겠지요.

세슘과 악성 종양

알칼리 금속 중에서도 칼륨은 인체에 상당히 중요한 요소 중 하나입니다. 4장에서 자세하게 말씀드리겠지만 전신의 근육과 신경은 모두 칼륨 덕분에 작동합니다.

뿐만 아니라 칼륨은 모든 세포에서 다양한 역할을 합니다. 인체를 구성하는 60조 개의 세포 중에서 칼륨을 이용하지 않는 세포는 단 한 개도 없습니다.

칼륨은 다양한 식물에 함유돼 있습니다. 특히 감자나 녹황색 채소에 풍부하게 함유돼 있는데, 이런 식재료를 섭취하면 칼륨이 흡수되어서 근육과 신경 등 온몸의 세포에 전달됩니다.

그런데 잘못해서 방사성 세슘이 포함된 것을 먹게 되면 이것도 칼륨의 운반 경로에 올라타서 온몸으로 전달되고 맙니다. 그리고 몸의 안쪽에서 방사선을 마구 뿌려 내부 피폭을 일으키고 맙니다.

방사성 세슘은 위암, 폐암, 대장암, 백혈병 등 온갖 악성 종양의 원인이 됩니다. 세슘을 칼륨이라고 착각해서 흡수하면 세슘이 전신의 모든 세포에 전달됩니다.

알칼리 토금속의 친구들

다음으로 원전 사고에서 세슘과 나란히 문제가 된 스트론튬에 대해 살펴보도록 할게요. 스트론튬은 세슘의 경우와 거의 똑같고, 원자가전자가 하나가 아니라 두 개라는 점만 다릅니다.

스트론튬의 원자번호는 38번. 원자핵을 구성하는 양성자수나 원자핵을 도는 전자수 역시 38개입니다. 이 중 36개의 전자로 안쪽 궤도가 채워지므로 남은 두 개의 전자가 가장 바깥쪽 궤도를 돌게 됩니다.

원자번호 20인 칼슘은 양성자수나 전자수 모두 20개입니다.

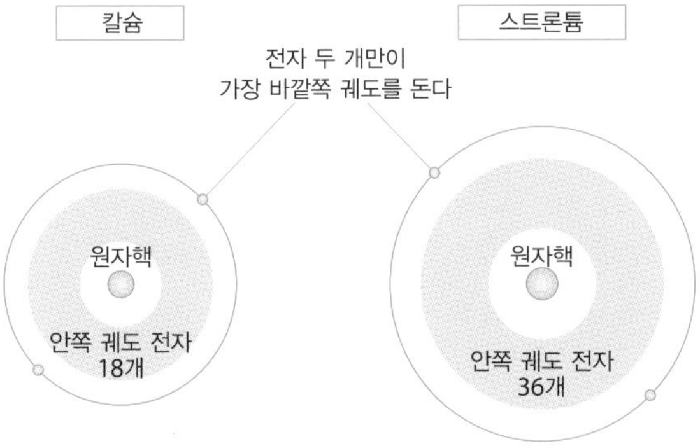

그림1-6. 칼슘과 스트론튬의 전자 배치

이 중 18개의 전자로 안쪽 궤도가 채워지므로 이것 역시 남은 두 개의 전자가 가장 바깥쪽 궤도를 돕니다.

이처럼 둘 다 원자가전자가 두 개라서 인체는 스트론튬을 칼슘으로 착각하고 받아들이게 됩니다.

주기율표에서는 스트론튬이나 칼슘 모두 왼쪽에서 두 번째 줄인 2족에 속합니다. 2족의 원소는 작은 순서대로 베릴륨(Be), 마그네슘(Mg), 칼슘(Ca), 스트론튬(Sr), 바륨(Ba), 라듐(Ra)입니다. 이들 원소는 모두 원자가전자가 두 개이며, 성질상 이 두 개의 전자를 잃고 +2(플러스 2가) 이온이 되기가 쉽습니다.

방사성 스트론튬의 위험

방사성 세슘이 모든 악성 종양의 원인이 되는 것에 비해서, 방사성 스트론튬을 체내에 받아들였을 경우에는 백혈병의 발병률만이 월등하게 높아집니다.

왜냐하면 우리 몸에서 칼슘의 98%는 뼈(주성분은 인산칼슘)에 존재하기 때문에, 칼슘이라고 착각해서 받아들인 스트론튬도 뼈에 전달되기 시작합니다.

뼈에 들어온 방사성 스트론튬도 방사선을 주위에 뿌립니다. 이 때문에 뼈 자체에도 악성 종양이 생깁니다. 이것이 골육종입니다. 그런데 골육종보다 월등하게 발병 빈도가 높은 악성 종양이 있는데, 그것이 바로 백혈병입니다.

적혈구나 백혈구는 뼈의 한 가운데에 있는 골수에서 만들어집니다. 흔히 뼈 하면 하얗고 딱딱하다는 이미지를 떠올릴 테지요. 이렇게 뼈 표면의 하얗고 딱딱한 부분을 뼈의 표면에 있는 골피질(骨皮質)이라고 부릅니다. 골피질에 둘러싸인 뼈의 한가운데에는 빨간색을 띤 골수질(骨髓質)이라는 부분이 있습니다.

프라이드치킨을 먹게 되면 뼈를 부숴서 꼭 한번 관찰해보세요. 뼈를 부수면, 하얗고 딱딱하고 반질거리는 골피질 안쪽에 거무튀튀하고 물렁한 부분이 있습니다. 인간이나 닭이나 모두 여기에서 백혈구와 적혈구가 만들어집니다. 거무튀튀하게 보이는 것은 주로 백혈구의 원료가 되는 혈액세포(적아구)의 색 때문입니다.

혈구는 골수에서 만들어집니다. 뼈에 들어간 스트론튬에서 나오는 방사선은 뼈세포뿐 아니라 바로 옆의 골수세포에도 당연히 나쁜 영향을 미칩니다. 게다가 방사선이 골수에 입히는 피해는 훨씬 심각하고 치명적입니다. 골수에서는 끊임없이 세포 분열이 일어나 맹렬한 속도로 혈구를 만들어내기 때문입니다.

세포 분열과 암

방사선을 쬐면 세포가 암으로 변할 수 있는데, 특히 암으로 변하기 쉬운 때는 세포 분열을 하는 순간입니다.

유전자는 평소에는 세포 안에서 깔끔하게 접혀 엄중하게 격납된 상태로 있습니다.

이중나선 구조로 된 가느다란 실 모양의 DNA는 유전자를 갖고 있습니다. 가는 실은 끊기기 쉽지만 실패에 단단히 감겨 있다면 어지간한 충격이 아니고서는 끊어지지 않습니다. 그래서 소량의 방사선이 닿아도 유전자는 별다른 피해를 입지 않습니다. 그런데 세포 분열을 하는 때만은 세포가 순간적으로 틈을 보이고 맙니다.

한 개의 세포가 분열해서 두 개의 세포가 될 때 유전자도 복제해서 또 하나를 준비해야 합니다. 그 때문에 세포는 평소에는 단정하게 접혀 있던 유전자를 풀고 가늘고 긴 실 모양, 다시 말해 벌거벗은 상태가 됩니다. 이때 방사선이 닿으면 유전자는 쉽게 붕괴되고 맙니다. 유전자가 잘못 붕괴되면 불행하게도 암으로 변할 수 있습니다.

적혈구와 백혈구를 많이 만들어내기 위해 골수에서는 맹렬한 기세로 세포 분열이 일어납니다. 몸 밖에서 나쁜 영향을 받으면 큰일이기에, 일부러 몸 안쪽에 있는 뼈 한가운데에 적혈구와 백혈구 공장이 있는 것으로 보입니다.

그런데 방사성 스트론튬을 받아들이면 바로 대량의 방사선에 닿을 수밖에 없습니다. 결과적으로 적혈구와 백혈구의 근원이 되는 조혈세포가 암세포로 변하고 백혈병이 발병하게 되는 것입니다.

백혈병에 공략당한 세포는 방사선에 피폭당한 지 2년에서 3년부터 늘어나기 시작해서 6년에서 7년쯤 절정에 달합니다. 이에 반해 위암이나 대장암 같은 고형 암은 좀 더 긴 세월을 거친 다음에 발병률이 올라갑니다. 그러므로 원전 사고의 경우에는 우선 긴급하게 백혈병에 대해 경계할 필요가 있다고 말할 수 있습니다.

주기란 무엇인가?

세슘을 칼륨으로 착각해서 인체로 받아들이는 것이나 스트론튬을 칼슘이라고 착각해서 받아들이는 것은 원자가전자수가 똑같기 때문입니다. 이 사실은 주기율표를 보면 일목요연하게 이해될 것입니다. 이제, 주기율표의 가로 방향을 어떤 식으로 봐야 하는지를 설명해보겠습니다.

앞서 잠깐 언급했지만, 첫 번째 원소는 양성자와 전자가 한 개인 수소, 두 번째 원소는 양성자와 전자가 두 개인 헬륨이란 식으로 원자번호 순서대로 원소를 나열한 것이 주기율표입니다. 그리고 이 주기율표를 해독하려고 할 때 중요한 포인트는 바로 가로 한 줄로 나란하게 배열된 원소의 개수입니다.

첫 번째 줄은 수소와 헬륨 두 개 뿐이고, 두 번째 줄은 탄소와 질소를 비롯한 여덟 개, 세 번째 줄도 나트륨과 알루미늄을 비롯한 여덟 개, 네 번째와 다섯 번째 줄은 모두 열여덟 개입니다.

이 숫자는 전자 궤도가 수용할 수 있는 정원수와 관련이 있습니다. 가장 안쪽 궤도는 전자 두 개로 정원이 꽉 차버립니다. 세 개째 전자는 바깥쪽 궤도를 돌아야만 합니다. 따라서 첫 번째 줄은 전자가 두 개인 헬륨에서 멈춥니다. 전자가 세 개인 리튬은 두 번째 줄에 들어갑니다.

지금까지는 알기 쉽게 첫 번째 줄, 두 번째 줄이라고 '줄'이라는 단어로 설명을 했습니다. 하지만 정식적인 명칭으로 '주기(周期)'라는 단어를 사용합니다. 첫 번째 줄의 수소와 헬륨이 1주기, 두 번째 줄의 탄소와 산소 등은 2주기, 세 번째 줄의 나트륨과 알루미늄 등은 3주기입니다.

세로 줄을 족이라고 부르는 것에는 반대한다고 말씀드렸지만 가로 줄을 주기라고 부르는 데는 대찬성입니다. 원자가 가진 성

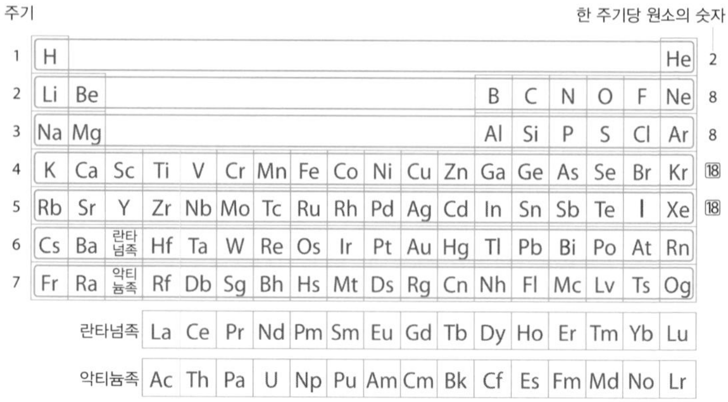

그림 1-7. 한 주기당 원소의 숫자

질의 본질을 탁월하게 표현한 단어이기 때문입니다. 참고로 주기는 영어로는 'period'입니다.

전자의 정원이 주기를 결정한다

그럼 다시 각 주기별로 전자의 배치를 살펴보도록 하겠습니다.

1주기의 전자 정원은 두 개입니다. 2주기의 전자 정원은 1주기보다 많은 여덟 개입니다. 그래서 1주기의 전자 두 개와 합해서 총 열 개에서 2주기는 끝납니다. 열한 개부터는 3주기로 갑니다.

4주기, 5주기가 되면 원자가 커지고 궤도의 표면적도 커져서 전자의 정원은 갑자기 늘어나 열여덟 개가 됩니다. 따라서 열여덟 개의 원소가 가로 한 줄로 배열된 곳에서 멈춥니다. 이것이 주기율표의 구조입니다.

한 주기의 전자 정원은 무작위로 정해지는 것이 아니라 2주기와 3주기가 모두 여덟 개, 4주기와 5주기가 모두 열여덟 개로 공통적입니다. 때문에 2주기와 3주기는 전자가 여덟 개마다 비슷한 성질의 원소가 같은 줄에 옵니다. 그리고 4주기와 5주기도 전자가 열여덟 개마다 비슷한 성질의 원소가 같은 줄에 옵니다.

이것을, 2주기와 3주기의 원소는 전자가 여덟 개마다 주기가 있다, 4주기와 5주기의 원소는 전자가 열여덟 개마다 주기가 있다는 말로 바꿀 수 있습니다.

화학적 성질이 비슷한 원소들은 일정한 간격을 두고 주기적으로 나타납니다. 이렇게 원소가 가지는 주기에 따라 표를 만들었기 때문에 주기율표라는 이름이 붙여졌습니다.

전자 궤도를 결정하는 네 가지 원칙

원소의 성질이 주기적으로 나타난다는 것이 주기율표의 본질입니다. 하지만 대체 왜 원소의 성질은 주기적으로 나타나는 것일까요? 여기에는 전율이 느껴질 정도로 아름다운 이론이 숨겨져 있습니다.

혹시 귀찮다고 여겨지시면 이 부분은 건너뛰고 다음 장으로 넘어가도 괜찮습니다만, 꼼꼼히 읽어서 이해의 폭이 넓어지면 주기율표를 더욱 좋아할 수 있게 될 것입니다.

전자 궤도(오비탈)는 주양자수 n, 방위양자수 ℓ, 자기양자수 m, 이 세 개의 숫자만으로 모든 것이 결정됩니다.

원칙1 주양자수 $n = 1, 2, 3\cdots\cdots$

가장 기본이 되는 주양자수 n은 오비탈의 수 및 에너지 준위와 관련되어 있습니다. 이것은 1, 2, 3……·이라는 식으로 자연수의 값을 취합니다. 간략하게 말하면 $n = 1$이 가장 안쪽의 전자껍질을 나타내고, $n = 2$가 그 다음 전자껍질, $n = 3$이 또 그 다음 전자껍질을 나타냅니다(하나의 전자껍질은 하나 이상의 오비탈로 구성되어 있다. 각 에너지 준위에 존재하는 오비탈의 수는 n^2개이다 — 옮긴이).

원칙2 방위양자수 $\ell = 0 \sim n-1$

다음으로 방위양자수 ℓ은 주양자수 n보다 작은 0 이상의 정수의 값을 가지게 됩니다. 여기서는 오비탈의 모양이 결정됩니다(오비탈에는 s오비탈, p오비탈, d오비탈, f오비탈 등이 있다 — 옮긴이).

원칙3 자기양자수 $m = -\ell \sim +\ell$

나아가 자기양자수 m은 절댓값이 방위양자수 ℓ 이하인 정수값을 갖게 됩니다. 여기서는 오비탈의 방향이 결정됩니다.

원칙4 하나의 오비탈에 들어가는 전자는 두 개까지

또 하나 중요한 것은 각각의 오비탈에 전자는 두 개가 들어간다는 사실입니다.

100을 넘는 원소의 모든 전자 궤도가 주양자수 n, 방위양자수 ℓ, 자기양자수 m이라는 세 개의 정수로 결정되고 맙니다. 이것은 매우 심플하면서도 감탄이 절로 나오는 아름다운 세계입니다.

하지만 사실은 이 네 개의 원칙에 관해서 더욱 엄청난 일을 해내는 위대한 작품이 있는데, 그것은 다름 아닌 주기율표입니다.

약간 까다로워 보이는 이 원칙들을 주기율표는 매우 간단하게 그러면서도 중요한 요점만을 일람표 안에 모두 훌륭하게 담아내고 있습니다.

조금 어려울 수도 있겠지만 실제로 숫자를 넣어보면 알 수 있습니다. 56페이지의 그림과 대조를 하면서 살펴보도록 해봅시다.

● 주양자수 $n=1$인 경우

방위양자수 ℓ은 0이상 1미만인 정수, 즉 0밖에 없습니다. 자기양자수 m도 0뿐입니다. 해당하는 오비탈은 하나뿐이니 전자는 많아봐야 두 개입니다. 이것을 표로 나타낸 것이 주기율표의 가장 위 칸, 즉 1주기입니다. 1주기의 원소가 수소와 헬륨뿐인 것은 바로 이 때문입니다.

● 주양자수 $n=2$인 경우

방위양자수 ℓ은 0이상이고 2미만인 정수, 즉 0이나 1입니다.

자기양자수 m은, 방위양자수 $\ell=0$인 경우에는 0뿐이고, 방위양자수 $\ell=1$인 경우에는 −1, 0, 1, 이 세 개가 해당됩니다. 각각의 오비탈에 두 개의 전자가 들어가니, 합계 여덟 개의 전자가 들어갑니다.

8이라는 숫자에 뭔가 느껴지는 게 없으신가요? 예, 그렇습니다. 주기율표의 2주기는 리튬에서 네온까지 8개의 원소로 이루어져 있습니다. 바꿔 말하면 주양자수가 2인 원소를 나타낸다는 말입니다.

주기율표의 유쾌한 진격은 계속 이어집니다.

● 주양자수 $n=3$인 경우

방위양자수 ℓ은 0이상이고 3미만인 정수, 즉 0이나 1이나 2입니다.

자기양자수 m은, 방위양자수 $\ell=0$인 경우는 0뿐이고, 방위양자수 $\ell=1$인 경우는 −1, 0, 1로 세 가지, 방위양자수 $\ell=2$인 경우는 −2, −1, 0, 1, 2로 다섯 가지가 해당합니다.

각각의 오비탈에 두 개의 전자가 들어오므로 방위양자수 $\ell=0$인 경우는 전자가 두 개, 방위양자수 $\ell=1$인 경우는 전자가 여섯 개, 방위양자수 $\ell=2$인 경우는 열 개의 전자가 들어갑니다.

단순하게 덧셈을 하면 주양자수 $n=3$인 경우는 전자의 수가 열여덟 개가 됩니다. 어, 이상하네? 이렇게 느끼셨다면 꽤 날카로우신데요, 3주기도 원소는 여덟 개입니다. 열여덟 개가 아닙니다. 하지만 이것이 바로 주기율표의 매력 포인트입니다.

방위양자수 $\ell=2$인 경우는, 주양자수 $n=4$이고 방위양자수 $\ell=0$인 경우보다 에너지 준위가 높습니다. 때문에 해당하는 10개의 원소는 그 다음의 4주기로 갑니다.

2주기 원소나 3주기 원소 역시 모두 여덟 개로 똑같습니다. 똑같으니 주기라고 말할 수 있겠지만, 이 둘이 일치한 것은 우연이 아님을 이해하셨을 것 같습니다. 둘 다 방위양자수가 0인 경우의 두 개와 방위양자수가 1인 경우의 여섯 개를 합해서 여덟 개가 됐습니다. 그 점을 간단한 형태로 표현해낸 주기율표에는 정말 경탄을 금하지 않을 수 없습니다.

똑같은 얘기를 4주기와 5주기에 대해서도 할 수 있습니다. 4주기와 5주기 역시 열여덟 개의 원소로 구성돼 있습니다. 물론 숫자가 일치한 것 역시 우연은 아닙니다. 둘 다 방위양자수가 0인 경우의 두 개, 방위양자수가 1인 경우의 여섯 개, 방위양자수가 2인 경우의 열 개를 다 합해서 열여덟 개가 됐습니다.

이론은 2주기, 3주기와 완전히 똑같으니 덧셈은 생략하겠습니다. 56페이지의 일람표에서 확인을 해두시길 바랍니다.

나아가 6주기와 7주기 역시 마찬가지입니다. 얼핏 보면 주기율표상으로는 열여덟 개의 원소로 구성돼 있는 것처럼 느껴지지만 자세히 살펴보면 란타넘족과 악티늄족은 별도로 다룹니다. 실제로는 6주기와 7주기 모두 방위양자수가 3인 경우인 열네 개의 원소가 더해져서 전부 서른두 개의 원소로 이루어져 있습니다. 여기에서는 6주기와 7주기 역시 구성하는 원소의 숫자가 같다는 점에 주목하시길 바랍니다.

이처럼 주기율표는 원소가 자아내는 주기의 아름답고 조화된 세계를 풍성하게 표현해냅니다. 인접하는 두 개의 주기가 한 팀처럼 완전히 일치합니다. 나아가 두 개의 주기마다 원소의 정수가 깔끔하게 늘어갑니다. 게다가 늘어나는 원소의 정수는 2, 6, 10, 14로 4개씩 증가합니다.

저는 주기율표야말로 우주의 섭리가 빚어내는 최고의 예술작품이라고 생각합니다.

주양자수 n	방위양자수 ℓ	자기양자수 m	양자 상태수	수용 전자수	
n = 1	ℓ= 0	m = 0	1	2	제1주기(2원소)
n = 2	ℓ= 0	m = 0	1	2	
	ℓ= 1	m = -1			제2주기(8원소)
		m = 0	3	6	
		m = 1			
n = 3	ℓ= 0	m = 0	1	2	
	ℓ= 1	m = -1			제3주기(8원소)
		m = 0	3	6	
		m = 1			
	ℓ= 2	m = -2			
		m = -1			
		m = 0	5	10	
		m = -1			
		m = -2			제4주기(18원소)
n = 4	ℓ= 0	m = 0	1	2	
	ℓ= 1	m = -1			
		m = 0	3	6	
		m = 1			
	ℓ= 2	m = -2			
		m = -1			
		m = 0	5	10	
		m = 1			
		m = 2			
	ℓ= 3	m = -3			
		m = -2			제5주기(18원소)
		m = -1			
		m = 0	7	14	
		m = 1			
		m = 2			
		m = 3			
n = 5	ℓ= 0	m = 0	1	2	
	ℓ= 1	m = -1			
		m = 0	3	6	
		m = 1			
	ℓ= 2	m = -2			
		m = -1			
		m = 0	5	10	
		m = 1			제6주기(32원소)
		m = 2			
	ℓ= 3	m = -3			
		m = -2			
		m = -1			
		m = 0	7	14	제7주기
		m = 1			
		m = 2			
		m = 3			
	ℓ= 4	m = -4			
		⋮			

그림 1-8. 양자 상태와 주기의 관계

2장

주기율표로 우주를 풀어나간다

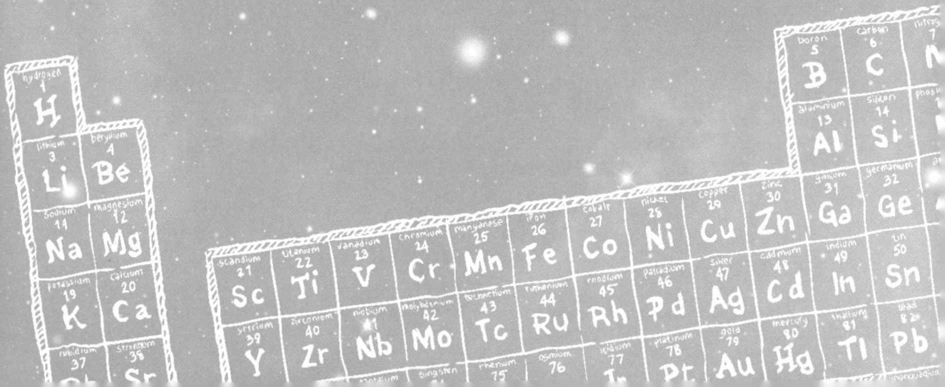

지구에서는 원소가 탄생할 수 없다

우주와 주기율표가 대체 무슨 상관이 있지? 이런 선입견을 갖는 이가 많을 것 같습니다. 경직되고 획일적인 학교 교육의 폐해 중 하나죠. 주기율표를 능숙하게 사용하면 우주에 대한 이해도가 비약적으로 높아집니다. 이번 장에서 전하고 싶은 내용은 이 한마디에 담겨 있습니다. 저는 주기율표 자체가 하나의 우주라고 느끼기까지 했습니다.

우리를 둘러싼 원소는 어디서 태어났을까요? 일부 예외를 제외하면 지구 상에서 천연의 원소를 만들 수는 없습니다. 인체를 구성하는 원소는 거의 대부분이 우주에서 유래한 것입니다.

원소가 탄생하려면 결정적으로 중요한 조건이 하나 있습니다. 온도가 섭씨 1000만 도를 넘어야 합니다.

원자핵은 양성자와 중성자로 이루어져 있습니다. 양성자는 전기적으로 플러스이기에 그대로 두면 양성자와 양성자가 서로 반발해서 원자핵을 구성할 수 없습니다. 하지만 아주 가까이 접근하면 양성자와 중성자 사이에 핵력이라는 별도의 힘이 작용하는데 이 힘은 전기적으로 서로 반발하는 힘을 웃돌기 때문에 원자핵이 유지됩니다.

이런 핵력의 구조를 이론적으로 이끌어낸 사람이 유카와 히데키(湯川秀樹) 박사입니다.

유카와 박사는 양성자와 중성자가 질량을 가지는 미지의 입자를 교환함으로써 서로 끌어당기는 핵력이 탄생한다고 생각했습니다. 이 입자에 중간자라는 이름을 붙여, 그의 이론은 '중간자 이론'이라고 불리게 됐습니다.

그리고 12년 후, 영국의 물리학자인 세실 파월(Cecil Powell)이 실제로 중간자를 발견했습니다. 이로 인해 중간자 이론이 옳다는 사실이 증명됐고, 이 공적으로 유카와 박사는 1949년 일본인 최초로 노벨상을 수상했습니다.

중간자 이론의 발견에는 재미있는 에피소드가 하나 있습니다. 사실 유카와 박사는 불면증을 앓았다고 합니다. 잠 못 이루던 어느 날 밤, 천장 나무판자의 나이테 모양을 바라보다가 문득 중간자 이론 아이디어가 번뜩 생각났습니다. 나이테의 한가운데에 동글동글한 모양이 두 개가 있고, 표주박 모양의 나이테가 그것을 둘러싼 모습이 원자핵으로 보였다고 훗날 고백했습니다.

중간자 이론 자체는 수식으로 나타낼 수 있지만, 나이테의 모양이라는 이미지에서 태어났다는 사실은 정말로 흥미롭습니다.

그럼 다시 원래 이야기로 되돌아가겠습니다.

새로운 원소가 탄생하려면 원래 원자의 원자핵을 다른 원자의 원자핵과 서로 핵력이 작용하는 거리까지 접근시켜야 할 필요가 있습니다. 하지만 원자핵과 원자핵은 전기적으로 서로 반발하므로 다가가게 만들려면 반발력을 뛰어넘는 방대한 에너지가 필요합니다. 그것은 바로 1000만 도라는 어마어마한 고온입니다.

물론 지구 상에는 기본적으로 1000만 도를 넘는 장소가 있을 리 없습니다. 지표는 물론이고, 땅 속 깊은 곳에 존재하는 마그마도 기껏해야 1000도 정도입니다. 1000만 도와 비교하면 터무니없이 낮은 온도입니다. 그렇기 때문에 지구에서는 새로운 원소를 만들 수 없습니다.

1000만 도 이상의 고온이 원소를 낳는다

그렇다면 우주의 대체 어느 곳이 1000만 도를 넘을까요? 크게 다음의 세 가지 경우로 나눌 수 있습니다.

① 우주 자체가 탄생한 빅뱅 직후

우주는 약 138억 년 전에 빅뱅이라는 대폭발로 인해 탄생했습니다. 무한히 펼쳐진 우주를 창조한 폭발이니 폭발 직후에는 1000만 도를 훌쩍 넘었습니다. 빅뱅 1초 후의 온도는 무려 100억 도라고 추정됩니다.

② 태양 같은 항성 속에서 일어나는 핵융합

항성의 내부 온도는 1000만 도를 넘고 새로운 원소가 계속 태어나고 있습니다. 물론 우리에게 가장 친근한 항성인 태양도 예외는 아닙니다. 태양 중심부의 온도는 1500만 도나 되고, 이로 인해 수소의 원자핵들이 융합해서 새로운 헬륨이 만들어집니다.

하지만 이 말이 태양의 어디에서나 핵융합이 일어난다는 이야기는 아닙니다. 태양의 표면은 불타오르는 것처럼 보이지만 온도는 5500도로 낮아서 새로운 원소가 태어날 수는 없습니다. 핵융합을 일으키는 1000만 도가 얼마나 굉장한 온도인지 이제 이해가 될 겁니다.

③ 수명이 다한 항성의 초신성 폭발

초신성 폭발이란 태양의 10배 이상이나 되는 항성이 수명을 다했을 때 대규모의 폭발을 일으키는 현상입니다. 사실 우주에 존재하는 철보다 무거운 원소는 대부분 초신성 폭발이 일어난 후 10초 안에 만들어진 것이라고 여겨집니다.

이 세 가지의 경우에 대해 자세히 살펴보도록 하겠습니다.

원시 우주는 이렇게 탄생했다

우주는 약 138억 년 전 빅뱅이라고 불리는 대폭발로 인해 탄생했습니다. 그렇다면 인류는 어떻게 이 사실을 알게 됐을까요?

우주가 계속 팽창하고 있다는 사실은 관측을 통해 밝혀졌습니다. 이 말은 시간을 과거로 거슬러 올라갈수록 우주는 점점 작아지는 존재라는 것을 의미합니다. 그리고 시간을 훌쩍 뛰어넘어서 거슬러 올라가면 최종적으로는 우주 전체가 하나의 점으로 집약됩니다. 계산해보면 약 138억 년 전이 됩니다.

이 계산이 단순한 탁상공론에 그칠 수도 있었지만 이때의 흔적이라 할 수 있는 전자기파가 실제로 관측됐습니다. 이 흔적은 빅뱅을 생각하지 않으면 제대로 설명할 수가 없습니다.

현재 신빙성이 있는 표준적인 이론에 의하면 빅뱅이 발생한 100만분의 1초 후에 소립자가 탄생했고, 그 소립자가 모여서 1초 후에 수소의 원자핵이 만들어졌습니다. 나아가 빅뱅 3분 후에 수소의 원자핵이 모여서 헬륨이 만들어졌습니다. 이로써 수소가 92%, 헬륨이 8%인 원시 우주가 탄생했습니다.

이렇게 만들어진 수소가 모여 항성이 만들어집니다. 그 내부에서 수소의 원자핵이 핵융합을 일으키고 헬륨을 만들어내는데, 수소에서 헬륨으로 변화할 때 방대한 에너지를 방출합니다. 이 핵융합에너지에 의해 항성이 빛납니다.

여기서 더 나아가 수소가 다 타버리면 헬륨이 핵융합을 일으키고 탄소(C), 질소(N), 산소(O)처럼 무거운 원소가 서서히 만들어집니다.

다만 이렇게 항성의 내부에서 만들 수 있는 원소는 철(Fe)까지입니다. 원자핵은 철이 가장 안정적이어서 철보다 무거운 원소가 항성 속에서 만들어지는 일은 없습니다.

가장 안정적인 원소, 철

모든 원소 중에서 철의 원자핵이 가장 에너지가 안정적입니다.

따라서 수소처럼 철보다 가벼운 원소는 핵융합을 일으켜 조금이라도 무거워지려고 합니다.

이와 대조적으로 우라늄(U)이나 플루토늄(Pu)처럼 철보다 무거운 원소는 핵분열을 통해 가벼워지려는 경향을 보입니다. 예를 들어 우라늄235가 중성자를 흡수하면 크립톤92와 바륨141로 분열합니다.

그림 2-1처럼 수소, 헬륨, 탄소 순으로 원자가 무거워지면서 원자핵의 결합에너지는 커집니다. 결합을 하면 그만큼 더 안정적이어서 수소에서 헬륨, 헬륨에서 탄소라는 식으로 핵융합이 일어납니다.

하지만 이런 반응을 일으키는 것은 철까지입니다. 철보다 무거워지면 반대로 원자핵의 결합에너지는 작아지고 괜스레 불안정해집니다. 따라서 핵융합을 일으키기는커녕 오히려 반대로 가장 안정된 철을 목표로 핵분열을 일으키려고 합니다.

참고로 원자력 발전소나 원자폭탄은 우라늄 같은 무거운 원소가 핵분열을 해서 남게 된 에너지가 열로 바뀐다는 반응을 이용합니다. 즉 원자력 발전은 그림 2-1의 오른쪽의 결합에너지의 차이를 전기로 전환하는 발전법입니다.

한편 태양이 에너지를 방사하는 이유는 수소가 핵융합을 하고 남은 에너지가 열이나 빛으로 바뀌기 때문입니다. 이 에너지를 이용한 것이 태양광 발전입니다. 석유나 석탄도 아주 먼 옛날에

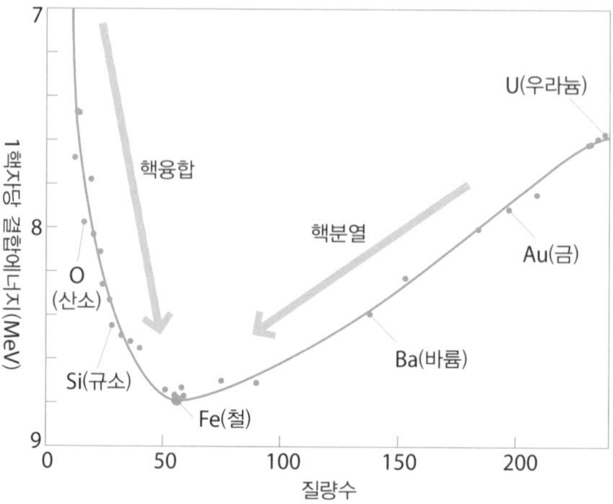

그림 2-1. 모든 원소는 에너지가 안정된 철을 목표로 한다.

식물이 태양광에너지를 화학결합에너지로 변환해서 생긴 것입니다. 따라서 화력 발전도 그림 2-1의 철보다 왼쪽에 있는 핵융합에너지를 이용한 것이라고 말씀드릴 수 있습니다.

그렇다면 철보다 무거운 원소는 대체 우주의 어디에서 어떤 식으로 탄생한 걸까요?

양은 결코 많지 않지만 우주에는 철보다 무거운 원소로 대략 65종류가 존재하며 각자 중요한 역할을 담당합니다. 예를 들어 아연(Zn)이 없으면 우리의 신경은 정보를 적절하게 전달할 수 없게 됩니다. 그리고 아이오딘(I)이 없으면 갑상선 호르몬을 만들 수 없어 온몸의 대사가 병적으로 저하되고 맙니다. 은(Ag)이나 금(Au)이나 백금(Pt)도 철보다는 훨씬 무거운 원소인데 소량일지라도 확실히 존재합니다.

이런 무거운 원소가 어떻게 탄생했는지에 관해서 예전에는 우주의 수수께끼로 여겼지만 현재는 적어도 무거운 원소의 대부분이 초신성 폭발로 인해 만들어졌다는 사실을 알고 있습니다.

초신성 폭발로 태어난 원소의 화학 진화

태양은 앞으로 50억 년이 지나면 수소가 다 타버려서 지금보다 100배 이상 큰 적색거성(대기가 팽창해서 온도가 내려가고 빨갛게 된 항성)이 됩니다. 만약 지구의 공전 궤도가 현재와 똑같다면 태양에 먹혀버릴 가능성이 높아질 것 같습니다. 그후 태양은 가스를 방출하고, 지금부터 70억 년 후쯤에는 백색왜성이라는, 지구만 한 크기의 작고 흰 시체 같은 별이 될 것입니다.

그런데 태양보다 10배 이상 큰 항성은 내부에 있는 연료가 다 타버리면 그 크기를 지탱하지 못하고 폭발하고 맙니다. 이것이 바로 초신성 폭발입니다. 이때 어마어마한 에너지가 방출되는데, 초신성 폭발 직후 단 1초 사이에 철보다 무거운 원소들이 속속들이 만들어집니다.

현재 밝혀진 바로는 원자핵에 중성자가 충돌하고, 그 중성자가 베타 붕괴(중성자가 양성자와 전자와 반중성미자로 전환되는 것)를 일으켜 양성자로 변하면 보다 무거운 원소로 옮겨가려는 현상이 일어납니다.

초신성 폭발이 일어나면 주위의 우주 공간에 무수한 먼지가 흩뿌려집니다. 이 먼지가 모여서 다시 항성이 탄생합니다. 이 새로운 항성도 수명이 다하면 초신성 폭발을 일으키고 더 무거운 원소를 만들어냅니다. 그리고 또 다시 먼지가 모여서 항성이 태어나고 결국 초신성 폭발을 일으킵니다. 이렇게 끊임없이 반복적으로 초신성 폭발이 일어나고, 그때마다 무거운 원소가 만들어지는 과정도 반복됩니다.

초신성 폭발이 일어나면 주위의 우주 공간에 무수한 먼지가 흩뿌려집니다. 이 먼지가 모여서 다시 항성이 탄생합니다. 이 새로운 항성도 수명이 다하면 초신성 폭발을 일으키고 더 무거운 원소를 만들어냅니다. 그리고 또 다시 먼지가 모여서 항성이 태어나고 결국 초신성 폭발을 일으킵니다. 이렇게 끊임없이 반복적으로 초신성 폭발이 일어나고, 그때마다 무거운 원소가 만들어지는 과정도 반복됩니다.

이것을 '원소의 화학 진화'라고 부릅니다. 화학이란 원소 조합의 변화를 나타내는 용어이니 보다 엄밀하게 말한다면 원자핵 진화, 혹은 원소 진화라고 부르는 편이 더 적절할 것 같긴 합니다.

그렇다면 우리가 사는 태양계는 화학 진화의 어느 단계에 있는 걸까요? 앞서 설명을 드렸지만, 태양 자체는 너무 작아서 앞으로 초신성 폭발을 일으킬 일은 없습니다. 다만 현재 지구를 비롯해 태양계에는 철보다 무거운 원소가 존재합니다. 그렇기 때문에 이미 화학 진화가 상당히 진행된 상태라고 말할 수 있습니다.

이 말은 태양과 지구가 탄생하기 전에 이미 초신성 폭발을 경험했다는 사실을 의미합니다. 즉 아연이나 아이오딘처럼 철보다 무거운 원소를 이용하는 우리는 우주에서 반복되는 화학 진화의 역사 속에서 만들어진 존재입니다.

베텔게우스의 천체 쇼는 언제 일어나나?

원소의 이야기에서는 조금 벗어나지만 초신성 폭발과 관련해서 꼭 알아둬야 할 빅뱅 이야기를 해볼까 합니다.

지금 우주과학 전문가들 사이에서 머지않아 초신성 폭발이 일어나지 않을까 하고 주목하는 항성이 있습니다. 바로 오리온자리의 베텔게우스입니다.

오리온자리는 겨울의 별자리 중에서도 특히 존재감을 드러내지만, 그중에서도 가장 두드러지는 것이 오리온자리의 어깨 위치에 해당하는 별입니다. 빨갛고 밝은 별이라서 많이들 보신 적이 있을 것입니다.

이 베텔게우스는 현재 그 수명의 99%가 다해서 언제 초신성 폭발을 일으킬지 알 수 없는 상태입니다.

허블 우주망원경으로 관측했더니 표면에 하얀 모양이 생겼다, 더 이상 구형을 유지하지 못하고 커다란 혹 같은 것이 생겼다, 이상한 속도로 수축하고 있다 등등 이 별이 종말 직전에 있다는 점을 알려주는 관측 결과들이 속속들이 보고되고 있습니다.

참고로 허블 우주망원경은 600킬로미터 상공의 궤도에서 지구를 돌고 있는 인공위성 같은 망원경으로 1990년에 미국이 설치했습니다. 지표의 대기나 기후의 영향을 받지 않아서 높은 정밀도로 천체 관측을 할 수 있습니다.

우주는 넓어서 초신성 폭발 자체는 매일같이 어디선가 일어납니다. 다만 그것은 멀리 떨어진 다른 은하계 이야기입니다. 우리가 사는 은하계에 한정한다면 30년에서 50년에 한 번 정도밖에 일어나지 않습니다. 나아가 베텔게우스는 태양계에서 가까워서 초신성 폭발을 일으킨다면 20만 년 전에 우리 호모사피엔스가 탄생한 이래 최대의 천체 쇼가 펼쳐질지도 모릅니다.

도쿄대학 연구팀이 계산해봤더니 베텔게우스가 초신성 폭발을 일으켰을 경우에는 보름달의 100배 정도 밝기라고 했고, 서던퀸즐랜드대학교 연구팀은 낮에도 확실히 보이는 밝기가 될 것이라고 예측했습니다.

이 초신성 폭발이 올해나 내년에 확실하게 일어날 것이라는 얘기는 아닙니다.

지금 이 순간에도 베텔게우스가 초신성 폭발을 일으킬 수도 있지만 최대로 잡으면 100만 년 후에 일어날 수도 있습니다. 우주의 시간의 흐름이란 이렇게 현실감이 떨어지기도 합니다.

우주는 수소로 가득 찼다

태양을 비롯한 태양계는 지구나 화성 같은 행성, 달이나 에우로파 같은 위성, 이토카와 같은 소행성과 운석, 핼리 혜성 같은 혜성으로 이루어져 있습니다. 그림 2-2는 태양계 전체에서 각 원소의 존재량을 나타내고 있습니다.

우주는 그 크기가 어마어마하기에 전체적으로 어떤 원소가 어

초신성 폭발이 일어나지 않을까 하고
주목하는 항성이 있습니다.
바로 오리온자리의 베텔게우스입니다.
오리온자리는 겨울의 별자리 중에서도
특별히 존재감이 있지만, 그중에서도
가장 두드러지는 것이 오리온자리의
어깨 위치에 해당하는 별입니다.
이 베텔게우스가 현재 그 수명의 99%가
다해서 언제 초신성 폭발을 일으킬지
알 수 없는 상태입니다.

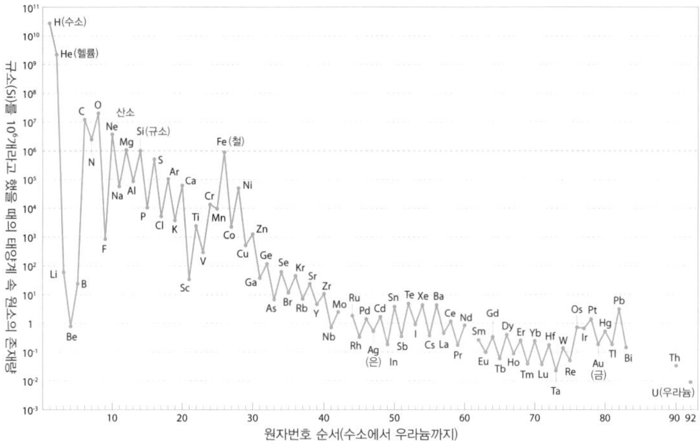

그림 2-2. 태양계 속 원소의 존재량

느 정도 있는지는 연구자마다 추정치가 제각각입니다. 그래서 이것보다는 훨씬 정확한 수치를 알고 있는 태양계에 대해서 살펴보도록 하겠습니다.

그래프의 가로축은 원자번호인데 왼쪽으로 갈수록 가벼운 원소, 오른쪽으로 갈수록 무거운 원소입니다. 주기율표로 말하자면, 그래프의 왼쪽에 있는 원소가 주기율표에서는 위쪽이고, 그래프의 오른쪽으로 갈수록 주기율표에서는 아래쪽에 있는 원소입니다.

세로축은 각각의 원소의 존재량을 나타냅니다. 보시는 바와 같이 오른쪽으로 갈수록, 즉 주기율표로 말하면 아래로 갈수록 원소의 존재량이 적어집니다.

태양계는 온통 수소로
가득 차 있습니다.
중량비로 말하자면
태양계의 70.7%가 수소,
27.4%가 헬륨입니다.
그 이외의 원소는 아무리 다 합해도
2%에 미치지 않습니다.

그래프의 세로축을 로그로 표현했습니다. 이것은 눈금이 하나가 작으면 10분의 1이라는 것을 나타냅니다. 얼핏 보면 산소(O)는 수소(H)보다 약간 작은 것처럼 느껴질지도 모릅니다. 하지만 실제로는 세 눈금 정도의 차가 있으니 10분의 1의 3제곱, 즉 산소는 수소의 1000분의 1이라는 사실을 나타냅니다. 엄밀하게는 3눈금보다 차이가 좀 더 커서 태양계에 존재하는 산소는 수소의 3000분의 1입니다.

보시는 바와 같이 태양계는 온통 수소로 가득 차 있습니다. 중량비로 말하자면 태양계의 70.7%가 수소, 27.4%가 헬륨입니다. 그 이외의 원소는 아무리 다 합해도 2%에 미치지 않습니다.

게다가 수소는 가벼워서 원자수로 말하면 수소의 비율은 더욱 커집니다. 무려 태양계에 있는 원소 전체의 90%가 수소입니다. 헬륨은 원자의 숫자상으로는 9%이고, 기타 모든 원소를 합해도 겨우 나머지인 1%입니다.

태양계의 바깥으로 눈을 돌리면 옆 항성과의 사이에 거의 아무것도 없는 진공 공간이 끝없이 펼쳐져 있습니다. 하지만 엄밀하게 말하면 이 공간에도 아주 조금이긴 하지만 수소가 포함돼 있습니다. 매우 묽은 농도이기는 하지만 우주 공간은 체적이 어마어마할 정도로 크기 때문에 곱셈을 하면 무시할 수 없는 양이 됩니다.

우주의 실태는 수소가 대부분이고 거기에 약간의 헬륨이 포함돼 있으며 다른 원소는 보일락 말락 할 정도라고 보면 됩니다. 바닷물이나 빗물이나 혈액도 파헤쳐보면 이처럼 우주에 풍부하게 존재하는 수소가 근원입니다.

지구는 46억 년 전 태양 주위를 도는 암석이나 먼지가 모여서 만들어졌는데 현재 지구에 있는 물질의 대부분이 이때의 원소 그대로 존재합니다. 왜냐하면 앞서 설명했듯이 우주에 존재하는 대부분의 원소는 빅뱅 직후, 항성의 중심부, 초신성 폭발이라는 세 가지 경우를 통해 탄생한 것이고, 일부 예외를 빼면 지구 상에서 원소가 탄생할 수는 없기 때문입니다.

적어도 46억 년의 지구 역사상 원소는 변함없이 계속 존재해왔던 셈입니다. 변한 것은 원소 자체가 아니라 원소와 원소의 조합입니다. 다시 말해 무수한 원소의 조합이 변화함으로써 생명이 만들어집니다.

이렇게 생각하면 생명이란 참으로 종잡을 수 없으며 덧없다고 느껴집니다. 동시에 원소가 걸어온 유구한 시간의 흐름에 인간의 지력을 뛰어넘는 장엄함마저 느껴집니다.

한 걸음 더

생명의 실마리는 혜성이 가져다줬다?

제가 양자화학을 이용해서 연구한 테마는 황소자리에 있는 암흑성운에서 어떤 화학반응이 일어나는가를 해명하는 일이었습니다.

암흑성운이란 스스로 빛을 발하지 않고 배후에 있는 성운이나 별빛을 가로막아서 주위보다 더 어둡게 보이는 영역을 말합니다. 우리 연구 팀이 이 연구에 몰두한 이유는 '생명의 근원이 되는 아미노산은 지구가 아니라 우주에서 탄생했다는 점'을 증명하고 싶었기 때문입니다.

다만 1980년대 당시 주류 학설은 원시 지구의 대기에는 물, 메탄, 암모니아, 수소가 풍부하게 함유되어 있으며 그곳에 벼락이 떨어져서 아미노산이 합성됐다는 것이었습니다. 이런 반응이 실제로 일어난 것은 1953년 유리-밀러의 실험으로, 플라스크 안에서도 재현됐습니다.

하지만 벼락으로 생성될 정도의 아미노산 양으로는 생명이 태어나지 않을 것 같다는 의문의 목소리가 커지기 시작했습니다.

그런 상황에서 떠오른 것이 지구가 탄생하기 전부터 이미 태양계에 아미노산이 풍부하게 있던 건 아닌가라는 가설입니다.

그래서 눈길을 끈 것이 바로 황소자리 암흑성운이었습니다. 이것은 태양계가 만들어지기 전의 상태와 많이 닮았고, 여기서 아미노산이 만들어진다면 태양계에서도 지구가 탄생하기 이전에 아미노산이 만들어졌을 가능성이 높아지기 때문입니다.

1장에서 설명했듯이 양자화학은 오직 슈뢰딩거 방정식을 풀어서 화학반응을 해명하는 학문입니다. 하지만 공교롭게도 지구에는 중력이 작용하기 때문에 계산이 갑자기 복잡해지고 말았습니다.

그러나 우주 공간에서는 중력은 거의 제로입니다. 그렇기에 과거의 컴퓨터로도 그럭저럭 궤도를 계산할 수가 있었습니다. 그 덕분에 불완전하긴 하지만 황소자리 암흑성운에서 아미노산이 합성되는 과정을 해명할 수 있게 됐습니다.

그후 원시 대기에는 메탄이나 암모니아가 아주 조금밖에 없다는 사실이 알려졌고, 현재는 생명의 근원이 된 아미노산이 우주에서 유래했다는 생각이 유력한 학설로 평가받고 있습니다.

다만 먼지나 암석이 모여서 지구가 탄생했을 때 함유된 아미노산이 생명의 근원은 아닌 것 같습니다. 지구가 갓 탄생했을 때는 상당히 고온이었기 때문에 아미노산은 붕괴되고 말았겠지요.

나아가 원래의 지구에 화성만 한 크기의 거대한 천체가 충돌한

후 그때의 파편으로 달이 탄생했다고 생각할 수 있습니다. 이것은 '거대충돌 가설'이라고 불리는 유력한 학설이지만 이것이 맞다면 역시 이 순간에도 대부분의 아미노산이 붕괴됐을 것입니다.

그렇다면 생명은 어떻게 탄생했을까요? 현재 가장 지지를 얻는 가설은 혜성이 우주에서 아미노산을 옮겨왔다는 설입니다.

혜성의 꼬리는 아름답지만 그 안에는 물과 함께 아미노산도 포함돼 있는 것 같습니다. 눈에는 보이지 않지만 지구는 태양의 주위를 돌면서 예전에 혜성이 지나간 궤도의 흔적을 계속해서 횡단하고 있습니다. 그때마다 혜성이 남긴 물과 아미노산을 지구가 끌어당기는 것으로 생각됩니다.

예를 들어 페르세우스자리 유성군은 스위프트-터틀이라는 혜성이 133년마다 남긴 별똥이 계속 지구 대기권에 돌진하고 불타올라서 발생했습니다. 우리가 눈치 채지 못했을 뿐이지, 아주 작은 물이나 아미노산 덩어리는 조용히 지표에 부어지고 있을 것입니다. 그 밖에 쌍둥이자리 유성군이나 사분의자리 유성군 역시 혜성이 남긴 별똥이 불탄 것이라는 사실이 밝혀졌고, 그로 인해 물과 아미노산도 지구에 공급됐을 것입니다. 이런 것들이 켜켜이 쌓이면 생명을 탄생시킬 만큼의 충분한 양이 된다고 주장하는 것은 설득력이 있습니다.

저는 미신을 아주 싫어하고 점이나 주술은 전혀 믿지 않습니다. 그렇지만 밤하늘을 올려다보고 유성을 발견하면 저도 모르게 소원을 빌고 맙니다. 만약 혜성이 옮겨다 준 아미노산이 생명의 기원이 됐다는 학설이 옳다면 우리 지구 상의 생명은 유성과 먼 친척관계가 되죠.

유성에게 소원을 비는 문화가 뿌리를 내린 것은 어쩌면 이런 깊은 인연에 이끌렸기 때문은 아닐까요?

3장

화학반응을 반복하는 인체

38억 년 간 반복된 선택과 도태

2장에서는 우주의 비밀을 파헤쳐보았습니다. 하지만 사실 우리의 몸도 우주와 밀접한 관련이 있습니다. 의학을 깊이 공부할수록 인체 안에는 우주 탄생 과정의 흔적이 남아 있다는 흥미로운 사실을 엿볼 수 있었습니다. 그런 생명의 신비도 파헤쳐주는 것이 바로 주기율표입니다.

인체와 우주가 서로 밀접하게 연결되어 있다는 사실을 제가 처음 인식한 것은 의학부에 입학했을 때였습니다. 생리학 첫 번째 수업은 인체가 어떤 원소로 이뤄져 있는가라는 이야기로 시작했습니다.

생리학 전공 교수는 시험에 낼 테니 대강의 비율을 외워두라며 구성 원소의 일람표를 칠판에 적었습니다. 다른 학생들은 인체의 원소 비율이 단순한 암호의 나열에 지나지 않는다고 생각했는지 대부분 시큰둥한 표정으로 노트에 옮겨 적었습니다.

하지만 이미 양자화학을 배운 경험이 있는 저는 달랐습니다. 눈에서 뿌연 안개가 걷히는 마음으로 일람표를 바라보던 것을 지금도 똑똑하게 기억합니다. 원소에 대해 흥미가 있던 제게는 우주의 일부가 지구가 된다 → 지구의 일부가 바다가 된다 → 바다에서 생명이 탄생한다는 일련의 진화의 흐름이 원소의 구성 비율에서 보이기 시작했습니다.

우리 인간은 38억 년이라는 기나긴 세월을 거쳐서 여기까지 진화했습니다. 그 기나긴 과정에서 다양한 화학반응을 시도했고, 살아 남은 것들은 자손을 남겼습니다. 하지만 그렇다고 해서 생명이 자신의 의지로 화학반응을 시도한 것은 아닙니다. 우연히 환경에 적응한 화학반응을 받아들인 개체가 자손을 남기고, 그렇지 못한 개체가 절멸한 것입니다.

이런 시행착오와 도태의 결과로 현재의 인체가 완성됐습니다. 이렇게 생각하면 생명 진화의 역사는 '전자 궤도에 의한 화학반응의 가능성'을 시험한 38억 년이었다고 바꿔 말해도 좋을 것 같습니다.

당연한 말이지만 우리 주변에 많이 있는 원소일수록 생명은 전자 궤도의 가능성을 빈번하게 시험할 수 있었습니다. 결과적으로, 살아남는 데 유리한 화학반응을 발견해낼 확률도 높아지기 때문에 그 원소를 이용하도록 진화한다는 것은 극히 자연스러운 흐름입니다. 이런 경위를 보더라도 우주에 있는 원소와 우리의 몸을 구성하는 원소 사이에는 아주 커다란 연관성이 있습니다.

4개의 원소로 이루어진 정밀 장치

우주와의 관련성을 설명하기 전에 먼저 인체를 구성하는 생체 원소의 비율을 주기율표를 사용해서 확인해보겠습니다.

인체는 탄소로 구성돼 있다는 이미지를 갖고 있는 이들이 많습니다. 하지만 실제로 원자의 숫자로 봤을 때 수소가 인체의

62.7%를 점유합니다. 수소에 이어서 많은 것은 산소로 23.8%입니다.

수소와 산소가 많은 이유는 인체의 대부분이 물이기 때문입니다. 물은 H_2O이니, 물 한 분자당 수소 원자가 두 개, 산소 원자가 한 개입니다. 따라서 수소와 산소는 원자의 수에 비례해서 2대 1에 가까운 비율이 됩니다.

물은 몸의 안팎을 빈번하게 드나드니 인체의 구성 원소에서 제외해야 한다고 생각하는 분들이 있을지 모르겠습니다. 하지만 다른 원소들도 몸 안팎을 들락거리긴 마찬가지입니다. 물만이 특별하지는 않습니다.

인체의 안팎을 순환한다는 점에서는 3위인 탄소 역시 사정이 같습니다. 탄수화물과 지방과 단백질 모두에 탄소가 풍부하게 함유돼 있는데, 식사할 때마다 장에서 영양소를 흡수하니 매일 대량의 탄소 원자를 체내로 흡수하고 있는 셈입니다.

그리고 살이 급격하게 찌거나 빠지지 않는 한 흡수한 것과 똑같은 양의 탄소 원자를 몸 밖으로 배출한다는 계산이 나옵니다.

우리는 어떻게 탄소 원자를 배출하는 걸까요?

물론 대변과 함께 탄소 원자를 버리지만 압도적으로 많은 것은 날숨을 통해서입니다. 산소를 이용해서 영양소를 연소시키고, 만들어진 이산화탄소는 날숨을 통해 배출됩니다. 참고로, 당뇨병이 있지 않는 한 소변을 통해 탄소 원자를 버리는 일은 거의 없습니다.

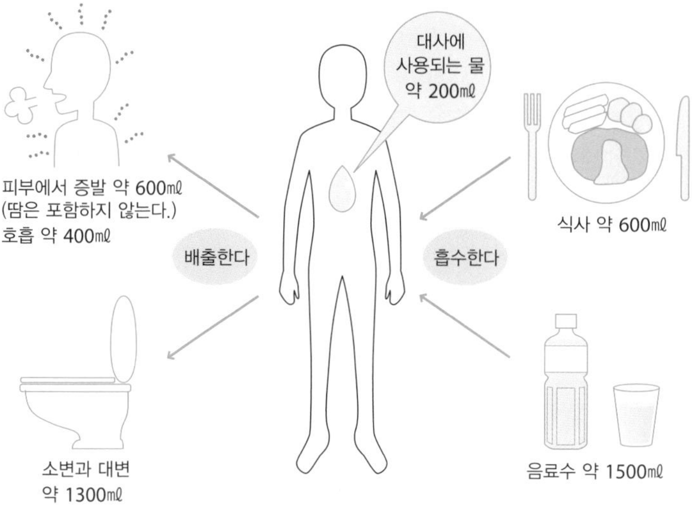

그림 3-1. 인체의 안팎을 순환하는 물

탄소는 항상 몸 안팎을 빙글빙글 순환합니다. 똑같은 탄소 원자가 체내에 축적되지는 않습니다.

이처럼 인체를 구성하는 원소는 대부분 끊임없이 순환하므로 물만을 예외로 취급해서 구성 원소에서 제외하는 것은 정당하지 못합니다.

인체를 구성하는 원소 중 네 번째로 많은 것은 질소입니다. 공기 중에서 질소 원자는 두 개가 결합해서 질소 분자로 존재합니다. 질소는 몸속에서 단백질을 구성하는 아미노산에 필수적으로 함유된 원소로 아주 중요합니다. 단백질은 인체 구조의 기초를 구축하기 때문에 체내 함유량이 많습니다.

네 개의 원소가 인체의 99.5%를
점유합니다. 어떻게 보면 인체는
수소, 산소, 탄소, 질소로 이루어진
정밀 장치인 셈입니다.
인체를 구성하는 원소는
주기율표의 윗부분, 즉 원자번호가
작은 원소에 집중되어 있다는 사실을
알 수 있습니다.

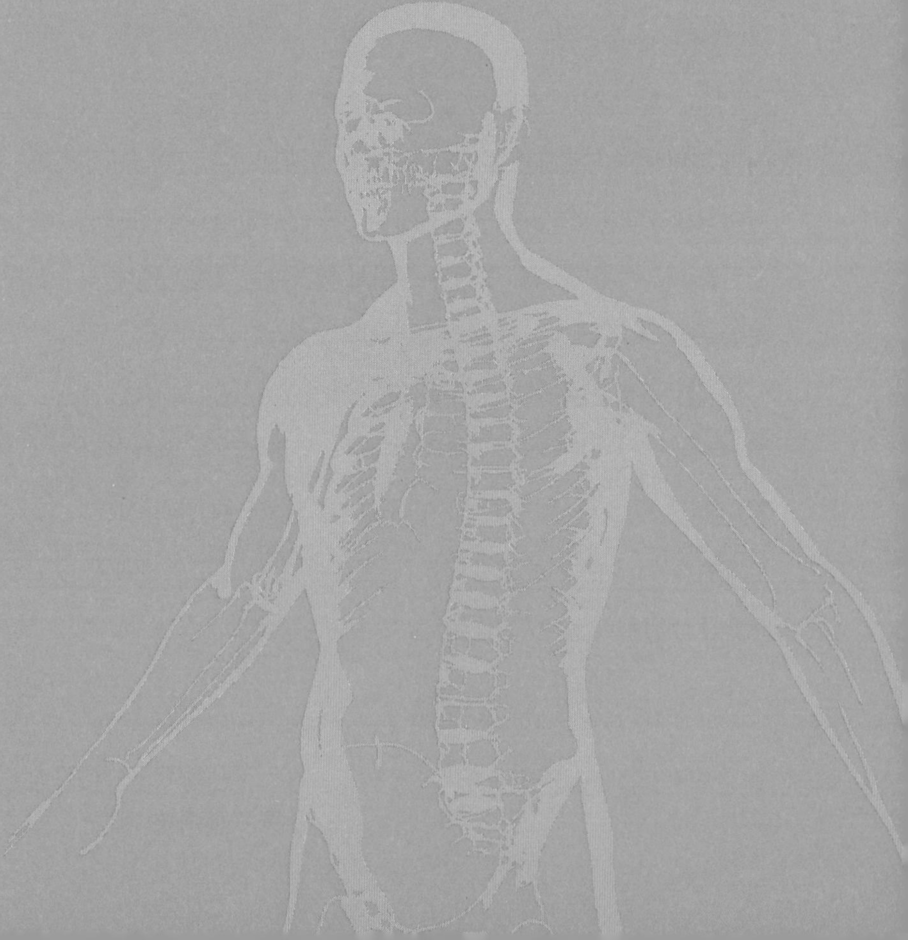

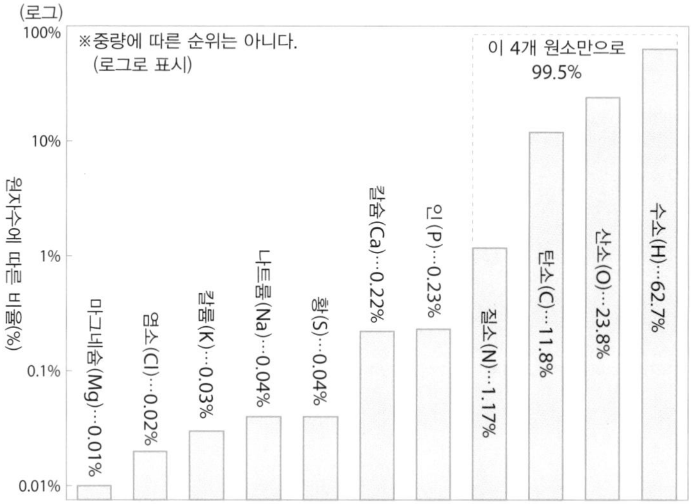

그림 3-2. 인체를 구성하는 원소(원자의 수에 따른 비율)

이상 살펴본 네 개의 원소가 인체의 99.5%를 점유합니다. 어떻게 보면 인체는 수소, 산소, 탄소, 질소로 이루어진 정밀 장치인 셈입니다.

주기율표와 대조해보면 단연 1위인 수소는 1주기, 2위인 산소, 3위인 탄소, 4위인 질소는 2주기입니다. 원소의 종류는 100개 이상이나 되는데 인체를 구성하는 원소는 압도적으로 주기율표의 윗부분, 즉 원자번호가 작은 원소에 집중되어 있다는 사실을 알 수 있습니다.

몸을 구성하는 소량 원소

다음 5위부터 11위까지는 인체에 포함된 '소량 원소'라고 불리는 것입니다. 하나씩 소개해보겠습니다.

5위 인(P), 6위 칼슘(Ca)

인이라면 성냥이나 비료에 사용되는 것이라는 인식이 강해서 사람의 몸속에 인이 많이 들어 있다는 말을 들으면 의외라고 느낄 것 같습니다.

성냥에 인이 사용되는 이유는 섭씨 260도라는 낮은 온도에서 발화하기 때문입니다. 그리고 인의 발화온도가 낮기 때문에 묘지에 매장된 시신이 분해돼서 인이 발생하면 자연현상으로 방전이 일어나 인화하고 불꽃이 생겨납니다. 이런 현상은 유령이 불꽃과 함께 나타난다는 전설을 낳았는데 사실은 인체에 인이 풍부하게 함유됐기에 발생한 현상입니다.

인간을 비롯한 대부분의 생물은 인이 없으면 살아갈 수가 없습니다. 우리의 세포는 DNA에 적힌 설계도대로 만들어졌고, 그 DNA에는 인산이 반드시 함유돼 있습니다. 때문에 인이 없으면 세포 분열도 할 수 없고 자손을 번식할 수도 없습니다.

인은 뼈와 치아의 재료로도 사용됩니다. 뼈와 치아를 칼슘 덩어리라고 생각하는 사람들이 많은 것 같은데 순수한 칼슘은 금속입니다. 영화 〈터미네이터〉에 나오는 금속 안드로이드가 아닌 한 순수한 칼륨으로 인체를 만들 수는 없습니다. 하이드록시아파타이트(수산화 인회석, hydroxyapatite)라고 불리는 인산칼슘 계통의 화합물이 뼈와 치아의 주성분입니다.

치약 광고에서 하이드록시아파타이트라는 이름을 들은 적이 있을 텐데, 이 화합물을 화학식으로 나타내면 $Ca_{10}(PO_4)_6(OH)_2$로 인이 포함돼 있는 것을 볼 수 있습니다.

칼슘과 인의 비율은 원자의 숫자를 보면 10대 6입니다. 생각보다 인이 많다는 생각이 들지 않나요?

일반적인 식사를 하면 인이 부족할 일은 없습니다. 우리는 동물과 식물을 섭취하며 살아가는데, 동물이든 식물이든 살기 위해서 인은 꼭 필요합니다. 무엇을 먹든 인을 풍부하게 섭취할 수 있으니 아무리 식생활이 불균형하다고 해도 인이 부족하지는 않을 것입니다. 의사가 인을 섭취하라고 충고하지도 않으니, 인이 실생활과는 동떨어진 것처럼 느껴지게 된 것입니다.

생명체에 꼭 필요하기 때문에 오히려 친근감이 떨어집니다. 사람들의 인식이란 정말 제멋대로이지요.

7위 황(S)

황이라고 하면 온천에 함유된 성분이라는 이미지가 아주 강하죠. 인체에 불가결한 필수 아미노산 메티오닌에는 황이 함유돼 있습니다. 그 외에 피부와 머리카락, 손톱의 성분인 케라틴에도 황이 함유돼 있습니다.

머리카락은 약간만 잡아당겨서는 잘 끊어지지 않는데 이것은 황 원자들이 결합해 있기 때문입니다. 황이 없으면 머리카락은 강도를 유지하지 못하고 살짝만 건드려도 너덜너덜해져 부서지고 맙니다. 머릿결이 좋다는 칭찬을 받으면 황 덕분이라고 생각하시길 바랍니다.

8위 나트륨(Na), 9위 칼륨(K)

우리의 근육과 신경은 나트륨과 칼륨 덕분에 작동한다는 사실은 이미 설명해드렸습니다.

나트륨과 칼륨도 몸 안에서는 +1(플러스 1가) 이온으로 존재하며, 전기적으로 중화하려면 음이온이 필요합니다. 그 때문에 존재하는 것이 바로 염소입니다.

10위 염소(Cl)

술을 마셨을 때 졸린 것도, 불면증을 치료하는 수면제를 먹었을 때 졸린 것도 염소 이온이 작용하기 때문입니다.

뇌 속에는 GABA(가바)라는 성분을 이용해 정보를 주고받는, GABA 뉴런이라는 신경이 있습니다. 이 신경이 활발하게 활동하면 대뇌의 활동이 진정돼서 잠이 오게 됩니다.

GABA 뉴런의 세포막에는 염소 이온이 드나드는 작은 통로가 있습니다. 인체에는 염소 이온이 많이 있지만 이 통로는 평소에 닫혀 있기 때문에 세포 안으로 들어갈 수 없습니다. 하지만 알코올이나 수면제가 작용하면 그 통로가 확 열리며 세포 속으로 염소 이온이 일제히 들어갑니다.

염소 이온은 −1(마이너스 1가) 이온이므로 세포 안도 전기적으로 마이너스가 돼버립니다. 그렇게 하면 GABA 뉴런이 활동하기 쉬워지고 졸리게 됩니다. 이것이 수면제를 복용하거나 술을 마시면 졸음이 오는 구조의 정체입니다. 참고로 수면제를 복용할 때 음주는 금물입니다. GABA 뉴런에 염소 이온이 지나치게 유입돼서 제어불능 상태에 빠지기 때문입니다. 경우에 따라서는 호흡이 멈춰 생명을 잃을 수도 있습니다.

11위 마그네슘(Mg)

인체에 있는 마그네슘의 60%가 뼈에 함유돼 있습니다.

인은 부족할 일이 없어서 억지로 많이 섭취할 필요는 없지만 뼈를 튼튼하게 만들려면 칼슘뿐 아니라 마그네슘도 필요합니다.

칼슘과 마그네슘은 2대 1의 비율로 섭취하는 것이 이상적입니다. 하지만 현대인은 무턱대고 칼슘만을 섭취해서 마그네슘이 부족한 사람들이 적지 않습니다. 그 결과 칼슘과 마그네슘의 균형이 깨져서 골밀도가 낮아지고, 그 밖에 심근경색이나 협심증을

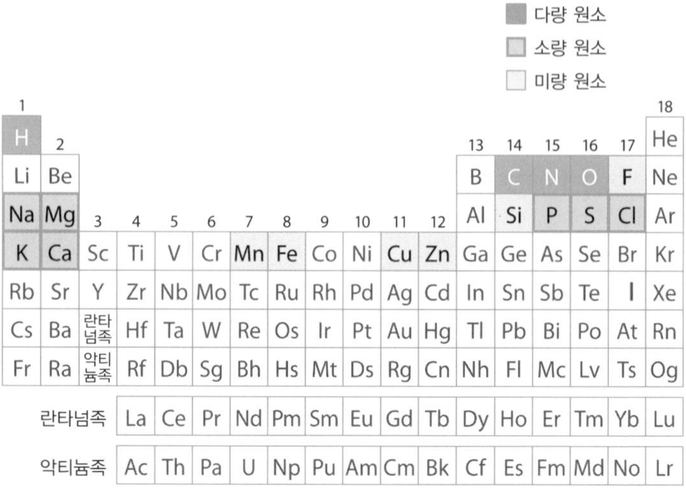

그림 3-3. 인체에 함유된 원소(원자수로 평가했을 경우)

일으킬 수도 있습니다.

마그네슘은 아몬드와 미역, 다시마 같은 해조류에 풍부하게 함유돼 있습니다.

무거운 원소는 인체에 많지 않다

여기서는 5위에서 11위까지의 소량 원소를 주기율표의 위치와 대조하면서 살펴보겠습니다. 이 중 다섯 개의 원소가 3주기에 있고, 두 개의 원소가 4주기에 있습니다.

맨위 4개의 원소가 1주기와 2주기였다는 사실을 떠올려보시길 바랍니다. 인체에는 많이 사용되는 원소일수록 주기율표의 위쪽에 있으며, 조금밖에 사용하지 않는 원소일수록 주기율표의 아래쪽에 위치한다는 점을 알 수 있습니다. 이런 경향은 우주를 구성하는 원소의 경우와 같습니다.

12위 이하는, 순서대로 보면 철, 아연, 망가니즈, 구리입니다. 인체는 이 15위까지의 원소로 거의 100% 구성돼 있습니다. 철, 아연, 망가니즈, 구리는 모두 4주기의 원소입니다. 인체에서의 함유량이 적은 원소일수록 주기율표의 아래쪽에 위치한다는 경향은 똑같습니다.

5주기의 원소를 보면 스트론튬과 아이오딘이 극히 소량만 인체에 포함돼 있을 뿐입니다. 6주기 이후로는 인체에 포함된 원소가 기본적으로 없습니다.

그렇다면 어째서 인체에는 주기율표의 위쪽에 있는 원소가 많이 포함돼 있고 아래쪽으로 갈수록 적게 포함돼 있을까요? 대답은 간단합니다. 대강 살펴보면 우주에도 주기율표의 위쪽에 위치한 원소가 많이 존재하며 원소가 주기율표의 아래로 내려갈수록 적은 양밖에 존재하지 않기 때문입니다.

인체를 구성하는 모든 원소는 지구가 탄생하기 이전에 우주에서 탄생한 것입니다. 그래서 우주에 많이 존재하는 가벼운 원소가 인체에도 많이 존재하며, 우주에 얼마 없는 무거운 원소는 인체에도 별로 없습니다.

그들은 다양한 금속이나 약품을
혼합해서 금을 만들어내려고 했습니다.
즉 화학반응을 일으켜서 인공적으로
금을 만들고자 했습니다. 하지만 금은
홑원소 물질입니다. 화학반응을 통해
다른 원소들과의 조합을 아무리 바꿔도
새롭게 만들어낼 수는 없습니다.
그래서 연금술사들의 도전은 처음부터
실패할 운명이었던 것이죠.

연금술사의 부질없는 노력과 화학

지구 상의 원소 자체는 불변하지만 화학반응은 우리의 몸속 곳곳에서 늘 발생합니다. 화학반응이란 원소와 원소가 결합하는 조합을 바꾸는 것입니다.

예를 들어 체내에서는 포도당이 연소해서 다음 같은 화학반응을 일으킵니다.

$$C_6H_{12}O_6 + 6O_2 \rightarrow 6CO_2 + 6H_2O$$

이산화탄소(CO_2)나 물(H_2O)처럼 원소가 결합해서 구성되는 물질이 화합물입니다. 이산화탄소와 물은 포도당이 연소해서 만들어진 화합물인데, 일반적으로 체내에서 탄생한 것이라는 취급을 받습니다.

하지만 탄소나 수소나 산소 원소들의 조합 방식이 변했을 뿐입니다. 포도당이 연소했다고 해도 원소 그 자체로는 아무것도 변한 것이 없습니다. 다시 말해 이런 원소가 몸속에서 탄생한 것은 아닙니다.

지구 상의 원소는 화학반응에 의해서 조합이 계속 달라지지만 원소 자체는 거의 변하지 않습니다. 지구가 탄생하기 전에 우주에서 만들어진 것이 대부분입니다.

원소가 붕괴해서 다른 원소로 바뀌는 일은 있습니다. 그 전형적인 예가 방사성 물질입니다. 원자핵이 불안정하면 붕괴해서 다른 원소로 바뀌는데 이때 방사선을 방출하기에 '방사성 물질'이라고 합니다.

예를 들어 원자력 발전소에 있는 원자로 안에는 우라늄235가 붕괴하고 분열해서 아이오딘131, 세슘137, 스트론튬90 등이 생성됩니다. 후쿠시마 현에서 일어난 원전 사고에서는 이 물질들이 원자로 밖으로 누출됐습니다.

지구 전체에서 보자면 방사성 물질은 예외적인 것입니다. 평소 우리가 볼 수 있는 화학반응은 단순히 원소의 조합이 바뀐 것들뿐입니다.

하지만 이런 사실을 알지 못해서 인생을 허비한 사람들이 지구상에 다수 존재했습니다. 대표적인 사람들이 바로 유럽의 연금술사들입니다.

그들은 다양한 금속이나 약품을 혼합해서 금을 만들어내려고 했습니다. 즉 화학반응을 일으켜서 인공적으로 금을 만들고자 했습니다. 하지만 금은 홑원소 물질입니다. 화학반응을 통해 아무리 다른 원소들과의 조합을 바꿔도 새롭게 만들어낼 수는 없습니다. 그래서 연금술사들의 도전은 처음부터 실패할 운명이었던 것이죠.

그렇다고 해서 연금술이 모두 실패였다는 얘기는 아닙니다. 염산, 황산, 질산은 모두 연금술 연구를 통해서 발견된 것입니다.

그리고 증류기 같은 실험기구도 연금술을 위한 발명품이었습니다. 현대 화학은 연금술의 기반 위에서 발전한 학문이라고 말해도 좋을 정도입니다.

만유인력을 발견한 위대한 과학자 아이작 뉴턴도 실은 연금술에 몰두했던 사람 중 하나였습니다. 그래서 뉴턴을 최후의 연금술사라고 부르기도 합니다.

헬륨은 왜 사람의 몸 안에 존재하지 않는가?

우주에 많이 존재하는 원소가 인체에도 많이 포함돼 있을 법한데, 어째서 우주에서 두 번째로 많은 헬륨은 인체에는 들어 있지 않을까요?

원소와 원소 사이에서 일어나는 화학반응은 기본적으로는 가장 바깥쪽 궤도의 빈자리를 메워 에너지를 안정시키기 위해 일어납니다. 그런데 헬륨이 속한 18족의 원소에는 애초에 전자 궤도에 빈자리가 없어서 극히 일부 예외를 제외하면 다른 원소와 화학반응을 일으키는 일은 없습니다.

18족의 원소는 가장 바깥쪽 궤도가 전자로 메워져 있습니다. 이 때문에 하나의 원자가 단독으로 존재하며, 이 상태로 에너지는 충분히 안정적입니다. 실제로 일부 예외를 제외하면 분자를 구성하지도 않습니다. 18족의 원소의 경우에는 생물이 아무리 애를 써도 전자 궤도를 생명 활동에 이용할 여지가 애초부터 없었습니다.

실제로 헬륨뿐 아니라 네온이나 아르곤 같은 18족의 원소 모두는 인체에 전혀 없다고 말해도 과언이 아닙니다.

헬륨이 우주에 두 번째로 많은데도 인체에 포함되지 않은 것은 이런 이유 때문입니다.

화학반응이란 무엇인가?

화학반응이란 원소의 조합을 바꾸는 일입니다. 원소를 이해하는 데 있어서 화학반응은 중요한 개념이기에 구체적인 예를 조금 들어서 설명하도록 하겠습니다.

예를 들어 수소와 산소가 섞인 기체에 불을 붙이면 격렬한 반응이 일어나면서 물이 만들어집니다. 이것이 수소 폭발입니다. 후쿠시마의 제1원자력 발전소에서도 이 반응이 일어나고 말았습니다. 화학식으로 쓰면 다음과 같습니다.

$$2H_2 + O_2 \rightarrow 2H_2O$$

이런 반응이 일어나는 이유는 수소 원자와 산소 원자 모두 가장 바깥쪽 궤도에 전자의 빈자리가 있기 때문입니다.

빈자리가 있는 상태라면 수소나 산소 모두가 상당히 불안정한 원자이니, 수소와 산소는 두 개씩 결합해서 수소 분자(H_2), 산소 분자(O_2)로서 존재합니다. 수소 분자의 경우 두 개의 원자가 각각 하나의 전자를 내는 형식으로 두 개의 전자를 공유하기에 가장 바깥쪽 궤도의 자리가 모두 전자로 메워집니다. 산소 분자도 마찬가지입니다. 그 때문에 H_2와 O_2, 모두 안정적입니다.

나아가 이들 원자가 조합을 바꿔서 물(H_2O)이 되면 더욱 안정됩니다. 산소 원자 O와 수소 원자 H의 궤도의 형태가 완전히 일치를 하기 때문에, H_2O가 두 개 있는 상태가 H_2가 두 개, O_2가 한 개인 상태보다도 총에너지가 낮습니다.

지구 상에 있는 모든 무거운 물질은 높은 곳에서 낮은 곳으로 이동하려고 합니다. 낮은 장소에서는 높이가 가지는 에너지(위치에너지)가 낮기 때문에 보다 안정적입니다. 이와 마찬가지로 원자의 경우도 원자와 원자의 조합을 바꿔서 한층 에너지가 낮은 안정된 상태로 이동하려고 합니다. 이것이 H_2O라는 화학변화를 일으킵니다.

알기 쉬운 예로 수소 폭발이라는 단순한 반응을 설명했지만, 지구 상에서 일어나는 모든 화학반응의 본질은 완전히 같습니다. 원자의 조합을 바꿔서 한층 에너지가 낮은 안정된 상태로 이동합니다. 모든 화학반응을 끝까지 파헤쳐보면 결국 이 한 문장으로 귀결됩니다.

사람의 몸도 마찬가지입니다. 우리 인간을 비롯한 모든 생명체는 낮은 에너지 상태가 되기 위해 무수한 화학반응을 일으키고

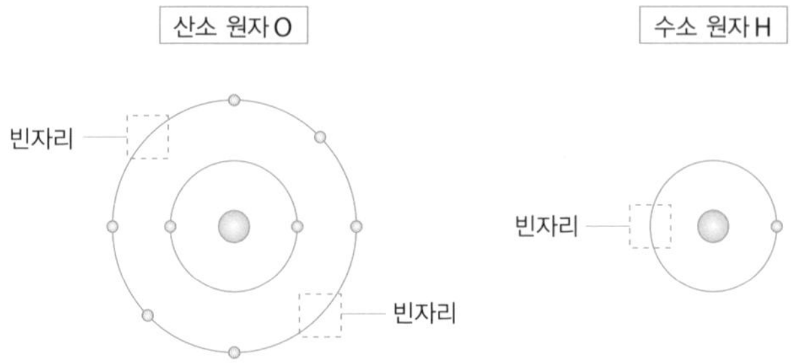

그림 3-4. 수소 원자, 산소 원자의 전자 배치

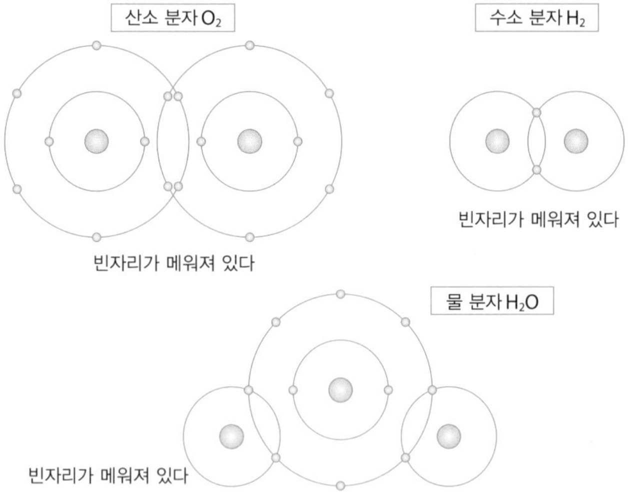

그림 3-5. 수소 분자, 산소 분자, 물 분자의 전자 배치

원자의 결합을 바꾸며 살아갑니다. 하나하나의 원칙은 사실 단순하지만 그것이 무수히 조합되면 고도의 기능을 가진 인체가 된다고 말할 수 있습니다.

베릴륨은 왜 우주에 조금밖에 없는가?

앞서 원소가 주위의 환경에 많을수록 생명은 전자 궤도의 가능성을 시험할 기회가 많다고 말했습니다. 그런데 이 점에 대해서 우주와 인체와의 관계를 상징적으로 나타내는 원소가 있습니다.

다시 한 번 71페이지의 그림 2-2를 봐주시길 바랍니다. 주목해야 할 것은 원자번호 4인 베릴륨인데, 그래프가 아래로 곤두박질치고 있습니다. 탄소, 질소, 산소보다도 가벼운 원소임에도 불구하고 존재량이 매우 미약합니다.

우주에 아주 조금밖에 없는 베릴륨은 인체에도 함유되어 있지 않습니다. 대략적인 경향을 보면, 주기율표의 위쪽에 위치하는 가벼운 원소일수록 인체에 많다고 얘기했지만 베릴륨은 확실하게 이 법칙에서 벗어나 있습니다. 설령 가벼운 원소라도 우주에 소량인 원소는 역시 인체에도 존재하지 않습니다.

과학이 발전한 현재도 베릴륨의 용도는 상당히 특수한 예로 한정돼 있습니다. 예를 들어 원자력 발전에서 사용하는 감속재(減速材)로 베릴륨이 이용됩니다. 감속재란 원자로에서 중성자가 발생하는 속도를 떨어트리는 물질입니다. 인공위성으로 우주를 관측하는 망원경의 재료로 베릴륨이 사용될 때도 있습니다. 모두 일상생활과는 동떨어진 전문적인 분야입니다.

어째서 베릴륨은 이렇게 적은 양밖에 우주에 존재하지 않는 것일까요?

그 이유는 헬륨의 성질 때문입니다. 헬륨은 상당히 안정된 원소이기 때문에 양성자 네 개와 중성자 네 개로 이루어진 베릴륨8은 만들어지자마자 바로 헬륨 두 개로 분열됩니다. 결과적으로 중성자가 한 개 많은 베릴륨9밖에 남지 않기 때문에 우주에는 아주 소량만 존재합니다.

한편 세 개의 헬륨이 결합하면 탄소가 생성됩니다. 이쪽은 헬륨보다 안정적이어서 갓 만들어진 탄소가 세 개의 헬륨으로 분열해서 원래대로 돌아가는 일은 없습니다. 헬륨 두 개가 충돌하는 것보다 세 개가 충돌하는 경우가 훨씬 드물기 때문에 원래대로라면 탄소는 베릴륨8보다 훨씬 적은 양밖에 만들어지지 않았을 것입니다. 그런데 베릴륨8이 안정적으로 생성되지 않는 만큼 우주에서는 상대적으로 탄소12의 양이 많아졌습니다.

이 풍부한 탄소를 중요한 구성 원소로 삼아 탄생한 것이 우리 지구 상의 생명들입니다. 만약 베릴륨8이 헬륨보다 안정적이라면 어쩌면 현재와 같은 생명은 탄생하지 않았을지도 모릅니다. 불안정한 베릴륨8에 감사를 해야 하는 상황이죠.

그림 2-2를 보면 베릴륨의 앞뒤에 있는 리튬과 붕소도 베릴륨

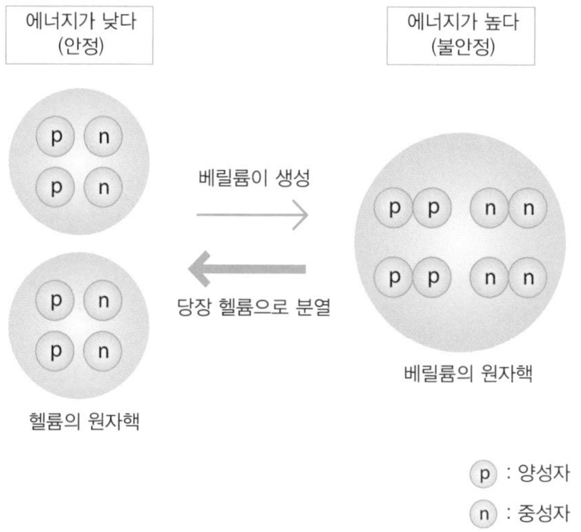

그림 3-6. 안정된 헬륨과 불안정한 베릴륨

정도는 아니지만 적다는 사실을 알 수 있습니다. 양성자와 중성자 숫자가 우연히 만들어지기는 힘든 조합이기 때문입니다.

인체는 어떠냐 하면, 우리 몸에 리튬은 전혀 없고 붕소도 아주 극히 미량만 함유하고 있습니다.

리튬은 건전지의 재료로서 요즘 수요가 많아졌지만 매장량이 적어서 건전지의 가격은 떨어질 줄 모릅니다.

붕소는 안약이라는 이미지를 가장 먼저 떠올리게 하죠. 눈의 점막에 자극을 덜 주면서도 세균이 번식하는 것을 억제하는 효과가 있기에 방부제로 안약에 들어가는 경우가 많습니다.

리튬과 붕소는 베릴륨보다는 친근한 원소일 것입니다. 그런데 원자번호를 보면 바로 다음에 탄소, 질소, 산소가 있습니다. 이들 원소에 비하면 리튬이나 붕소는 낯선 존재입니다. 우주의 존재 비율과 절묘하게 일치합니다. 그림 2-2는 우리에게 친근함을 보여주는 그래프라고 바꿔 말해도 괜찮을 것 같습니다.

원자번호가 짝수이면 안정적이다

주의 깊게 봤다면 그림 2-2가 톱날처럼 삐죽삐죽한 모양이라는 점을 알아챘을 것입니다. 이것은 원자번호가 짝수인 원소가 원자번호가 홀수인 원소보다도 많이 존재한다는 사실을 알려줍니다.

원자핵은 양성자수가 짝수인 경우가 홀수인 경우보다 에너지가 안정된다는 성질을 갖고 있습니다. 따라서 결과적으로는 원자번호가 짝수인 원소가 대량으로 만들어지기 쉽습니다. 이것을 오도-하킨스의 법칙(Oddo-Harkins rule)이라고 합니다.

인체의 구성 원소에서 질소는 4위였습니다. 중요한 원소이긴 하지만 2위인 산소나 3위인 탄소의 존재량에는 미치지 못합니다. 오도-하킨스의 법칙에 의하면, 원래 우주에서 탄생한 질소의 양이 원자번호가 앞뒤인 탄소나 산소보다 적었다는 사실이 그 원인 중 하나인 것으로 보입니다.

물론 질소 원자가 두 개 결합한 질소 분자가 안정적이어서 반응성이 부족하다는 사정도 있지만, 우주가 질소로 가득 찼다면 아마도 생명은 질소를 다른 형태로 이용할 수 있도록 진화했을 것입니다.

우리는 원소에 의존해서 살아간다

빈혈을 예방하기 위해서 철분을 섭취하세요.
뼈를 튼튼하게 만들려면 마그네슘을 섭취해야 합니다.
미각 장애를 예방하려면 아연을 섭취하세요.

이런 건강 정보는 몇 번쯤 접한 적이 있을 겁니다. 철, 마그네슘, 아연 같은 금속이 인체에 꼭 필요하다는 말은 이제 상식이 됐습니다.

그러나 "건강을 위해서 수은을 섭취하세요"라는 이야기는 들은 적이 없을 겁니다. 똑같은 금속이라도 수은은 인체에 도움이 되기는커녕 독성이 있기 때문입니다. 구마모토(熊本)의 미나마타(水俣) 만에서 일어난 미나마타병, 니가타(新潟)의 아가노(阿賀野) 강 하류에서 발생한 제2미나마타병은 수은으로 인해 일어난 공해병이었습니다.

그 밖에 카드뮴은 이타이이타이병을 일으키고, 납은 납중독을 일으킵니다. 비소는 맹독입니다. 1998년 와카야마(和歌山) 시에서 열린 여름 축제 때 누군가가 카레에 비소를 섞어서 네 명이 목

체내의 혈액은 열대 바다보다도
온도가 훨씬 높아서 인체는 산소를
수분에 녹여 운반할 수는 없습니다.
그래서 등장한 것이 적혈구 속에 있는
헤모글로빈입니다. 헤모글로빈에는
헴이라고 불리는 붉은 색소가 있습니다.
헴 한가운데에 철이 달린 것이
헤모글로빈입니다. 이런 철이 있기에
산소를 효율적으로 옮길 수가 있습니다.

숨을 잃었습니다. 베릴륨도 인체에 독성이 있습니다.

건강에 도움이 되는 금속이 있는가 하면 생명을 빼앗는 금속도 있는데, 대체적으로 우주에 많이 있는 금속은 건강에 도움이 되고, 우주에 조금밖에 있지 않은 금속은 독성이 있을 가능성이 높습니다.

생명은 38억 년에 걸친 역사 속에서 주위의 환경에 있는 원소를 어떻게 하면 이용할 수 있을지 열심히 궁리하면서 진화를 거듭했습니다. 철이나 마그네슘이나 아연도 주위에 풍부하게 존재했기에 생명은 완전히 그 원소들을 다 이용할 수가 있었습니다.

일단 생명이 원소를 충분히 이용하면, 이제는 생명이 살기 위해 그 원소에 의존하게 됩니다. 그래서 그 원소가 부족해지면 건강을 해치게 됩니다.

산소를 나르는 귀중한 금속

생명은 주변에 흔한 다양한 금속들을 이용하지만 그 중에서도 각별하다고 할 만큼 중요한 것은 철입니다. 무엇보다도 인체는 산소를 운반하기 위해 철을 이용합니다. 몸 전체에 있는 60조 개의 세포는 모두 산소 덕분에 살고 있으니 철은 인간에게 생명의 원소라고 할 수 있습니다.

혈액은 폐에서 전신으로 산소를 내보내고, 대사로 생겨난 이산화탄소를 전신에서 폐로 보내서 버립니다. 하지만 산소와 이산화

탄소는 운반 방식이 완전히 다릅니다.

혈액으로 이산화탄소를 옮기는 건 정말 간단합니다. 이산화탄소는 물에 녹아서 탄산이 되니 수분인 혈액에 녹여 옮기면 됩니다. 알아서 탄산수가 돼주니 혈액은 단지 수분을 온몸으로 빙글빙글 순환시키기만 하면 된다는 얘기이지요.

이와 대조적으로 산소를 옮기는 일은 고생스럽습니다. 이산화탄소에 비하면 물에 아주 조금밖에 녹지 않기 때문입니다. 냉수라면 그래도 조금씩 산소를 녹일 수 있지만 체내 온도인 37도까지 오르면 용해량이 뚝 떨어집니다.

참고로 적도와 가까운 바다가 투명한 것은 바로 이 때문입니다. 열대의 바다는 수온이 높아 산소의 양이 적고, 그래서 플랑크톤도 많이 살 수 없습니다. 그래서 바닷물이 투명하게 보입니다. 그러나 북극의 바다는 수온이 낮아서 비교적 산소가 많이 녹아 있습니다. 그래서 플랑크톤이 증식해서 물이 탁하게 보입니다. 결과적으로 플랑크톤을 잡아먹는 물고기도 수온이 낮은 만큼 쑥쑥 자랍니다. 극지방인 북극과 남극 바다에 거대한 고래가 사는 것도 이런 이유 때문입니다.

체내의 혈액은 열대 바다보다도 온도가 훨씬 높아서 인체는 산소를 수분에 녹여 운반할 수는 없습니다. 그래서 등장한 것이 적혈구 속에 있는 헤모글로빈입니다. 헤모글로빈에는 헴이라고 불리는 붉은 색소가 있습니다. 그림 3-7처럼 헴 한가운데에 철이 달린 것이 헤모글로빈입니다. 이런 철이 있기에 산소를 효율적으로 옮길 수가 있습니다.

사실 화합물을 이용해서 산소를 옮기는 건 쉽지 않습니다. 산소와 결합만 하면 된다면 이용할 물질이야 얼마든지 있습니다. 산화하는 물질은 모두 산소와 결합하니 말이죠. 다만 문제는 결합한 산소를 세포에 전달해줘야 합니다. 산소와 결합한 상태로 계속 있다면 인간의 세포에게 아무런 도움이 되지 않습니다.

폐에서는 산소와 결합해서 전신의 세포에 산소를 전달합니다. 이 작용에는 반드시 어느 정도 크기가 있는 금속이 필요합니다. 탄소, 수소, 산소, 질소 같은 평범한 유기화합물은 원자가 너무 작아서 산소가 전혀 달라붙지 않거나 아니면 완전히 결합해버립니다.

하지만 이것보다 훨씬 큰 철 원자의 바깥쪽 전자 궤도를 잘 이용하면 온도가 낮은 폐에서는 산소와 결합하고, 온도가 높은 전신에서는 산소를 떼어놓는 절묘한 성질을 설계할 수가 있습니다. 그것이 헤모글로빈입니다.

그래서 체내에서 철이 부족하면 산소를 제대로 운반할 수 없어서 빈혈이 생깁니다. 특히 여성은 월경으로 인해 혈액을 체외로 배출하므로 철이 부족해지기 쉽고, 이로 인해 많은 분들이 빈혈 증상을 경험합니다.

사실 산소 운반이라는 중요한 역할을 맡는 금속이 화학적으로

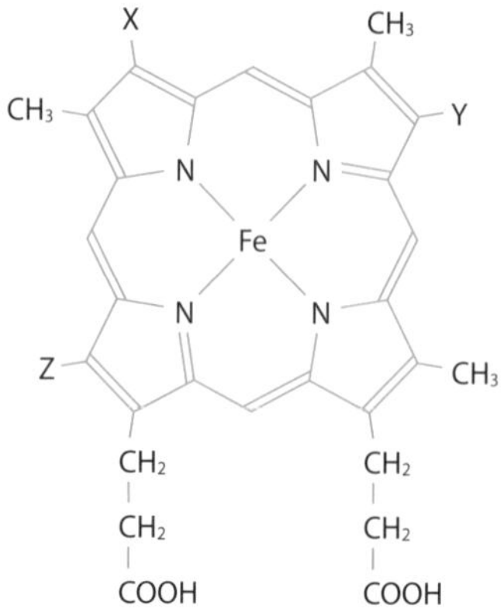

그림 3-7. 헤모글로빈의 일부인 헴(붉은 색소)

반드시 철이어야 하는 것은 아닙니다. 바깥쪽 전자 궤도가 철과 비슷한 금속, 예를 들어 크로뮴(Cr, 크롬), 망가니즈(Mn, 망간), 코발트(Co), 니켈(Ni), 구리(Cu) 같은 것도 단백질의 구조만 잘 연구하면 이론적으로는 헤모글로빈과 똑같은 기능을 가진 물질로 만들 수가 있습니다.

다만 이런 많은 후보 금속들 중에서 철을 골라서 목숨을 맡긴 이유는 존재량이 많았다는, 이 한마디로 귀결됩니다. 만약 우주가 코발트로 가득 찼다면 인체는 코발트로 산소를 옮겼을 가능성이 높았을 것입니다. 그렇다면 우리의 혈액은 코발트블루색이 됐을지도 모르죠.

4장

우리는 어떤 원리로 움직이는가?

동물은 두 개의 원소 덕분에 움직일 수 있다

이번 장에서는 38억 년의 생명 진화의 수수께끼에 초점을 맞춰 보겠습니다. 주로 다루는 것은 생명의 다양한 기능 중 매우 중요하게 여겨지는 신경과 근육입니다.

동물이 돌아다닐 수 있는 것은 근육이 있기 때문입니다. 그리고 동물이 빛, 소리, 냄새, 맛을 느낄 수 있는 것은 신경이 있기 때문입니다. 다시 말해 동물의 특성을 결정짓는 것은 바로 근육과 신경입니다. 인간이 동물로 살아갈 때 근육과 신경은 굉장히 중요한 기관입니다.

신경이란 전기적 흥분(임펄스)을 이용해서 정보를 전달하는 조직입니다. 근육은 늘어나거나 줄어들어서 신체를 움직이게끔 합니다. 얼핏 보면 전혀 다른 것처럼 느껴지지만 사실 신경과 근육은 기본적으로는 구조가 거의 비슷해서, 나트륨과 칼륨이라는 두 개의 원소가 본질적인 기능을 담당합니다.

나트륨과 칼륨은 작은 전용 통로(이온 채널)를 통해서 세포의 안팎을 왔다 갔다 합니다. 이를 통해 다양한 기능을 발휘하는데, 기본적인 메커니즘은 신경과 근육에 공통됩니다.

주기율표에서 나트륨과 칼륨은 어디에 위치하는지 한번 볼까요? 둘 다 가장 왼쪽 줄에 있습니다. 1족의 원소죠.

1족의 원소는 원자가전자가 한 개이기 때문에 이 한 개의 전자를 잃고서 +1(플러스 1가) 이온이 된다는 성질을 갖고 있습니다.

그래서 1장에서 언급했듯이 인체는 세슘을 칼륨으로 착각해서 몸속으로 받아들이게 되는 거죠.

나트륨 역시 사정은 똑같습니다. 사람의 체내에서 나트륨은 원자가전자를 잃고 +1(플러스 1가) 이온 상태로 존재합니다.

주목해야 할 사실은 주기율표 안에서 나트륨과 칼륨이 아래위로 인접해 있다는 점입니다. 동물이 신경과 근육의 작용을 나트륨과 칼륨에 의존하는 이유는 확실히 이 위치와 관련이 있습니다.

나트륨[소듐]은 불안정한 금속

나트륨은 원자번호 11인 원소입니다. 주기율표에서는 1족의 3주기에 위치합니다.

1족의 별명은 알칼리 금속입니다. '나트륨이 금속인가?' 이런 의문을 품는 이들도 적지 않을 것 같습니다. 실제로 나트륨은 금속이 아니라는 이미지가 강한 듯합니다. 이것도 무리는 아닌 것이, 전문가인 화학자들조차 옛날엔 나트륨이 금속이라는 점에 확신을 갖지 못하고 논쟁을 벌였습니다.

순수한 나트륨은 금속 특유의 광택을 가진 은색 덩어리로, 누가 봐도 금속 그 자체입니다. 다만 가장 바깥쪽 궤도에 전자 한 개만이 돌고 있어서 아주 불안정합니다.

나트륨 덩어리는 기회만 있으면 한 개의 전자를 버리고 +1(플

동물의 특성을 결정짓는 것은 바로
근육과 신경입니다.
인간이 동물로 살아갈 때 근육과 신경은
굉장히 중요한 기관입니다.
얼핏 보면 전혀 다른 것처럼 느껴지지만
사실 신경과 근육은 기본적으로는
구조가 거의 비슷해서,
나트륨과 칼륨이라는 두 개의 원소가
본질적인 기능을 담당합니다.

러스 1가) 이온이 되려고 합니다. 그렇게 하면 전자 궤도는 정원이 꽉 찬 만석 상태가 되기 때문에 아주 안정적입니다.

그렇기 때문에 나트륨 덩어리는 공기 중에 잠깐만 방치해놓아도 산소와 반응해서 눈 깜짝할 사이에 이온으로 변하고 맙니다. 물과 접촉하면 더욱 심해집니다. 물과 격렬하게 반응해서 수소를 발생시키고 폭발을 일으킬 수도 있습니다. 이것을 방지하기 위해 연구실에서는 나트륨을 석유 안에 넣어서 보존합니다.

그런데 나트륨을 석유 안에 넣는 일을 사람의 체내에서는 할 수 없습니다. 그래서 순수한 금속으로서의 나트륨은 체내에는 존재하지 않습니다. 인체에 있는 나트륨은 모두 안정적인 +1(플러스 1가) 이온입니다.

나트륨이라고 하면 염화나트륨, 즉 소금이 우리에게 가장 친근한 형태일 것 같습니다. 실제로 바닷물 속에는 약 2.9%, 우리의 혈액에는 0.9%의 소금(식염)이 녹아 있습니다. 물론 이것도 +1(플러스 1가) 이온으로 안정된 상태입니다.

칼륨[포타슘]과 방사성 칼륨

알칼리 금속 중에서 4주기의 원소는 칼륨입니다. 칼륨은 독일어이며, 식물의 '재'를 의미하는 아랍어 'al-galiy'가 어원입니다. 이름 그대로 칼륨은 식물의 재에서 발견했습니다.

초등학교 과학 수업 시간에 아마도 식물을 자라게 해주는 비료로 질소, 인산, 칼리가 필요하다고 배웠을 것입니다. 이 칼리가 바로 칼륨입니다.

비료인 칼륨은 식물의 세포에 들어가 성장을 촉진시킵니다. 그래서 식물의 세포 안에는 칼륨이 많이 있습니다. 하지만 칼륨도 나트륨과 마찬가지로 원래는 금속이라서 식물의 대부분을 차지하는 유기화합물과는 달리 태워도 없어지지 않습니다. 그래서 식물의 재에 칼륨이 농축돼 있는 것입니다.

칼륨이 꼭 필요하다는 것은 식물에 한정된 얘기는 아니고 동물에게도 마찬가지입니다. 인간도 칼륨이 없으면 바로 목숨을 잃습니다.

그만큼 중요한 원소이니 인체는 칼륨을 받아들이는 장치가 발달했습니다. 1장에서 설명했지만, 칼륨과 성질이 닮은 세슘이 이 구조에 섞여 들어오면 인체는 세슘을 받아들이게 됩니다.

원전 사고 이후 누구나 방사선에 민감해졌는데, 천연 칼륨에도 소량이긴 하지만 방사능을 가진 칼륨40이 함유돼 있습니다. 사람의 몸속에는 체중 1킬로그램당 2그램 정도의 칼륨이 함유돼 있는데, 그중 1만분의 1은 방사성 칼륨입니다. 따라서 예를 들어 체중이 60킬로그램이라면 전체 인체에 4000베크렐의 방사능을 보유하고 있는 셈입니다.

그리고 대부분의 식품에는 많건 적건 칼륨이 함유돼 있고, 마찬가지로 그 1만분의 1이 칼륨40이니 식품 1킬로그램당 수십 혹은 수백 베크렐의 방사능을 보유한다고 계산할 수 있습니다. 다만 이 정도로는 건강에 영향을 주지 않으니 걱정할 필요는 없습니다.

한편 호화로운 건축물에 자주 쓰이는 화강암에는 칼륨이 많이 함유돼 있고, 어느 정도 방사능을 보유하고 있습니다. 예를 들어 일본 국회의사당의 외벽은 모두 화강암으로 이뤄져 있습니다. 외벽 바로 가까이에서는 방사선량이 0.29마이크로시버트로, 꽤 높습니다.

나트륨과 마찬가지로 칼륨도 순수하게 단독으로 존재하는 경우에는 빛나는 은색의 금속 덩어리입니다. 하지만 다른 알칼리 금속과 마찬가지로 1개의 원자가전자가 돌기 때문에 매우 불안정합니다. 그래서 칼륨도 물과 격렬하게 반응해서 +1(플러스 1가) 이온이 됩니다. 물론 인체에 존재하는 칼륨은 모두 안정된 +1(플러스 1가) 이온 상태입니다.

이렇게 나트륨과 칼륨은 전자 궤도의 배치가 많이 닮았기 때문에 성질도 상당히 비슷합니다. 이것을 알기 쉽게 표현한 것이 주기율표입니다. 이 둘은 주기율표에서 위아래로 위치합니다.

물론 다른 원소이니 성질이 완전히 같지는 않습니다. 닮았지만 약간은 다릅니다. 동물은 이런 나트륨과 칼륨의 절묘한 거리감을 교묘하게 이용하면서 진화해왔습니다.

유령 포즈를 만드는 것은?

그렇다면 동물들의 신경과 근육은 나트륨과 칼륨을 이용해서 어떻게 움직이는 걸까요?

신경은 '임펄스'라고 불리는 전기적 흥분 상태를 만들어내고 이것을 전달하는 기능을 합니다. 근육은 수축해서 신체를 움직이는 원동력이 됩니다. 다만 전기적 흥분을 만들거나 수축을 하는 것만으로 신경과 근육이 제 기능을 다할 수는 없습니다.

신경은 일단 흥분해도 바로 흥분이 잦아들기 때문에 다음에 또 다시 정보를 전달할 수가 있습니다. 계속 흥분한 상태로 있으면 아무런 정보를 얻을 수 없으며 단순한 에너지의 낭비밖에 되지 않습니다.

컴퓨터가 1과 0의 조합으로 정보를 처리하듯이 신경도 '흥분의 온-오프(on/off) 조합'으로 정보를 전달할 수 있습니다. 이것이 바로 신경 기능의 본질입니다.

같은 얘기를 근육에 대해서도 말할 수 있습니다. 근육도 수축한 후에는 늘어나서 원래 상태로 돌아옵니다. 근육이 계속 수축된 상태로 있으면 인체는 그 형태로 고정되고 두 번 다시 새로운 동작을 할 수가 없습니다. 이 상태가 경련입니다. 물론 경련은 병적인 상태로 치료의 대상이 됩니다.

하지만 누구나 평생에 한 번은 전신의 근육이 모조리 경직될 때가 찾아옵니다. 그것은 바로 사망 직후입니다.

사망해서 혈액이 흐를 수 없게 되면 근육은 이완된 상태를 유지하지 못하고 수축합니다. 이것이 사후경직이라고 불리는 현상의 정체입니다.

사후경직이 일어나면 손목이나 팔꿈치가 뒤틀리고 뻣뻣해집니다. 손목과 팔꿈치에도 관절을 구부리는 근육과 쭉 펴주는 근육이 있는데 양자의 강도를 비교하면 구부리는 근육 쪽이 압도적으로 힘이 강합니다. 사후에 양쪽 근육이 동시에 사후경직을 일으키면 구부러지는 근육의 힘이 더 강해서 손목이나 팔꿈치가 구부러지게 됩니다.

한번 양 손목과 팔꿈치를 구부려보시길 바랍니다. 그 포즈가 뭐와 닮지 않았나요? 예, 맞습니다. 그것은 바로 유령 포즈입니다. 옛날부터 사람이 죽으면 사후경직 때문에 이런 포즈가 되는데, 이것이 우리에게 친숙한 유령의 이미지가 된 것입니다.

이야기가 약간 벗어났네요. 아무튼 근육은 수축한 채로는 아무런 쓸모가 없습니다. 신경과 근육은 온-오프로 변환할 수 있다는 것이 본질적인 기능인데, 이들 온-오프 변환은 전기적으로 플러스(+)인지 마이너스(-)인지에 따라 결정됩니다.

신경 세포와 근육 세포 모두 평소에는 세포의 안쪽이 전기적으로 마이너스이고 세포의 바깥쪽이 전기적으로 플러스입니다. 이것이 오프 상태입니다.

여기에 신호가 전달되면 일시적으로 세포 안팎의 플러스와 마이너스가 반대로 됩니다. 이것이 온 상태입니다. 온 상태가 되면 근육은 수축하고 신경은 자극을 전달합니다. 근육과 신경의 최종적인 역할은 다르지만 온과 오프를 바꾸는 과정이나 구조는 기본적으로 완전히 똑같습니다.

그럼 신호가 전달되면 근육과 신경의 세포는 어떤 식으로 세포 안팎의 플러스와 마이너스를 역전시키는 걸까요? 이 장치의 주역이 바로 나트륨과 칼륨입니다.

많이 닮았지만 약간은 다른 원소들

인간의 세포는 온몸에 60조 개나 되고 세포 모두에 칼륨이 충분히 함유돼 있습니다. 한편 세포의 바깥쪽에는 림프액과 혈액이 있는데 여기에는 나트륨이 풍부하게 함유돼 있습니다. 혈액이 짭조름한 이유는 바로 이것입니다.

물론 몸속에 있는 칼륨과 나트륨은 금속 상태가 아니고 물에 녹은 이온 상태로 존재합니다. 나트륨이나 칼륨도 바깥에서 돌던 전자 한 개를 방출해서 이온이 되기 때문에 둘 다 +1(플러스 1가) 이온입니다.

세포를 감싼 막에는 나트륨만이 통과하는 전용 통로(나트륨 이온 채널)와 칼륨만이 통과하는 전용 통로(칼륨 이온 채널)가 있습니다. 근육이든 신경이든 신호가 전달되면 우선 나트륨이 이용하는 통로가 열립니다. 그러면 세포 바깥쪽에서 세포 안쪽으로 나트륨이 일제히 들어옵니다.

들어온 나트륨은 +1(플러스 1가) 이온이니 전기적으로 마이너스였던 세포의 안쪽이 플러스로 바뀝니다. 반대로 플러스 상태였던 세포의 바깥쪽은 플러스가 줄어든 만큼 마이너스로 변합니다. 이렇게 세포의 안쪽과 바깥쪽에서 플러스와 마이너스가 바뀝니다.

이로 인해 근육은 자동적으로 수축하고 신경은 자극을 전해줍니다. 즉 근육이나 신경의 스위치가 켜진 상태는 나트륨 이온이 세포의 바깥쪽에서 안쪽으로 이동하기 때문에 발생한 것입니다.

다만 이대로라면 근육은 한 번만 수축하고, 신경은 한 번의 자극만 전달하고 끝납니다. 하지만 살아가기 위해서는 근육과 신경을 한 번만 쓰고 내다버릴 수는 없습니다.

그래서 다음에도 사용할 수 있도록 세포 안팎의 전기적인 상태를 재빨리 스위치가 꺼진 원래의 상태로 되돌려놓아야 합니다. 여기서 위력을 발휘하는 것이 칼륨입니다.

나트륨이 세포 안으로 들어와서 세포 안이 플러스가 되면 이번에는 칼륨 전용 통로가 열립니다. 그러면 열린 통로를 통해서 칼륨이 풍부하게 존재하는 세포의 안쪽에서 칼륨이 부족한 세포의 바깥쪽으로 칼륨이 이동합니다. 칼륨 역시 +1(플러스 1가) 이온이니 칼륨이 나가버린 세포 안쪽은 다시 마이너스가 되고 칼륨이 들이닥친 세포의 바깥은 다시 플러스가 됩니다. 이렇게 원래 상태로 재정비되면 근육과 신경은 다음 자극에 대비할 수 있게 됩니다.

이처럼 근육과 신경은 나트륨과 칼륨이 대조적으로 작용하기에 기능을 발휘할 수가 있습니다.

나트륨과 칼륨은 주기율표의 위아래로 붙어 있어서 원자의 성질은 많이 비슷하고 크기만 약간 다릅니다. 생물은 진화의 역사 속에서 나트륨이 드나드는 통로와 칼륨을 내보내는 통로 두 개를 가질 수 있게 됐습니다. 그 이유는 두 통로는 비슷한 단백질로 설계할 수 있기 때문입니다.

많이 닮긴 했지만 크기만 약간 다르다는 이 둘의 관계가 동물의 입장에서는 너무나도 고마울 따름입니다.

단세포 생물이 선택한 원소

생물이 근육과 신경을 조절하는 원소로 나트륨과 칼륨을 고른 것은 우연이 아닙니다.

인체의 경우 세포의 바깥에 있는 것은 림프액과 혈액입니다. 그런데 단세포 생물 시대로 거슬러 올라가면 세포의 바깥에 있던 건 바다였습니다. 바닷물에 함유된 양이온의 원소 중에서 압도적으로 많은 것이 나트륨입니다. 그러니 세포의 바깥에서 안쪽으로 들어오는 원소는 나트륨 이외에는 선택지가 없었습니다. 나트륨 이외의 원소를 선택했다면 세포의 바깥에도 원소가 적으니 아무

동물의 신경과 근육을 컨트롤하는
원소로서 나트륨이 뽑힌 첫 번째 이유는
주기율표의 가장 왼쪽 줄에 있는
1족의 원소이기 때문입니다.
나아가 1족의 원소 중에서는 나트륨이
우주에서 가장 많이 만들어졌는데
그 점이 반영됐는지 바닷물에도
나트륨이 많이 함유돼 있습니다.
그래서 동물은 스위치를 담당하는
원소로 나트륨을 선택한 것입니다.

리 통로를 열어놓아도 좀처럼 양이온이 들어오지 않았을 겁니다. 이러면 반응에 상당한 시간이 걸려 온-오프 스위치 역할을 하기가 어렵습니다.

앞서 설명했던 것처럼 나트륨을 포함해서 주기율표의 가장 왼쪽 줄에 위치한 알칼리 금속은 한 개의 고립된 원자가전자를 갖고 있습니다. 이것을 방출해서 +1(플러스 1가) 이온이 되기 때문에 물에 상당히 쉽게 녹습니다. 그래서 바닷물에는 나트륨이 풍부합니다.

예를 들어 규소(Si)는 나트륨보다 훨씬 많이 우주에 존재합니다. 실제로 지구 상에도 나트륨보다 규소가 풍부하게 존재합니다. 하지만 바닷물에는 거의 포함돼 있지 않는데, 규소는 물에 녹지 않기 때문입니다. 지구 상의 규소는 대부분 암석 속에 포함돼 있습니다.

이처럼 동물의 신경과 근육을 조절하는 원소로서 나트륨이 뽑힌 첫 번째 이유는 주기율표의 가장 왼쪽 줄에 있는 1족의 원소이기 때문입니다. 나아가 1족의 원소 중에서는 나트륨이 우주에서 가장 많이 만들어졌는데, 그 사실을 반영하듯 바닷물에도 나트륨이 많이 함유돼 있습니다. 그래서 동물은 스위치를 담당하는 원소로 나트륨을 선택한 것입니다.

세포의 바깥에서 안쪽으로 들어오는 원소가 나트륨이라고 정해졌다면 이번에는 안쪽에서 바깥쪽으로 나가는 원소를 골라야 합니다. 나트륨과 마찬가지로, 조절이 안 되면 곤란하니 후보는 주기율표에서 나트륨의 바로 위에 있는 리튬과 바로 아래에 있는 칼륨으로 좁혀집니다. 이 두 개의 후보를 비교했을 때 바닷속에는 칼륨이 압도적으로 많아서 생명은 칼륨을 선택했습니다.

만약 바다에 칼륨이 없고 리튬이 풍부하게 있다면 생물은 리튬을 골랐을 것입니다. 아니면 칼륨이나 리튬이 없고 주기율표에서 나트륨보다 두 칸 아래에 있는 루비듐이 풍부했다면 루비듐을 선택했을지 모릅니다.

고혈압을 초래하는 식염 욕구

나트륨과 칼륨은 둘 다 인체에 없어서는 안 되는 원소입니다. 어느 한쪽이 부족해도 건강을 유지할 수가 없습니다.

하지만 건강을 위해 소금을 지나치게 섭취하면 안 된다는 얘기는 이제 상식이 돼버렸습니다. 소금은 염화나트륨입니다. 즉 나트륨 이온과 염소 이온이 결합해서 결정화(結晶化)된 것이 소금입니다. 염소 이온은 지나치게 섭취하면 오줌을 통해 다 배출이 됩니다. 과잉 섭취가 문제되는 것은 나트륨입니다.

그러는 한편, 우리는 "칼륨을 풍부하게 섭취합시다!"라는 말도 듣습니다. 이 차이는 대체 어디에서 비롯된 것일까요? 그 원인은 우리가 육상생활을 시작했을 때로 거슬러 올라갑니다.

우리의 선조가 아직 물고기 상태로 바닷속에서 생활하던 때에는 주위가 온통 나트륨 천지였습니다. 그런데 육지로 진출하자마자 나트륨이 부족한 환경에 직면하게 됩니다. 그런 환경에서 이전처럼 생활하면 분명히 나트륨 결핍으로 인해 죽고 맙니다. 그래서 나트륨을 받아들이고 싶어서 못 참겠다고 느끼도록 뇌 속에 특별한 장치를 마련해둘 필요가 있었습니다.

소금이 풍부한 식사를 섭취하고 싶은 충동은 이렇게 탄생했고, 의학계에서는 이를 두고 '식염 욕구'라고 부릅니다. 식염 욕구가 뇌 속에서 어떻게 생겼는지 그 자세한 메커니즘은 아직 알려져 있지 않지만 시상하부나 편도체라고 불리는 부분이 깊게 관여하고 있다는 것은 확실합니다.

이와 달리, 칼륨은 식재료인 식물의 세포에 풍부하게 함유돼 있기 때문에 부족할 일이 별로 없었습니다. 그래서 육상으로 진출했어도 나트륨 같은 구조는 필요하지 않았습니다. 실제로 몸에서 칼륨이 부족해도 뇌 속에서 나트륨 결핍과 같은 격렬한 갈망감은 생기지 않습니다.

원시 시대는 이렇게 균형을 맞출 수 있었습니다. 하지만 운송수단이 발달한 현대에는 암염에서 채취한 염화나트륨을 손쉽게 구할 수 있게 됐습니다. 그런데 뇌는 여전히 나트륨이 부족한 환경에 맞춰 설계된 채로 있습니다. 그래서 욕망이 이끄는 대로 음식을 섭취하면 나트륨을 지나치게 섭취하고 맙니다.

나트륨을 지나치게 섭취하면 고혈압을 일으킵니다. 그러면 그

과정은 어떻게 진행될까요?

신경이든 근육이든, 통로가 열렸을 때 나트륨이 세포 안쪽으로 들어오게 만들려면 세포의 바깥에 나트륨이 풍부해야 합니다. 하지만 지나치게 많아도 좋지 않습니다. 나트륨이 지나치게 대량으로 들어오면 칼륨의 통로를 열어서 칼륨을 밖으로 내보내도 세포 안을 원래의 마이너스인 상태로 되돌릴 수 없게 됩니다. 그런 사태가 벌어지지 않도록 인체에는 세포의 바깥에 있는 림프액이나 혈액의 나트륨 농도를 일정한 수준으로 유지하는 장치가 발달했습니다.

나트륨을 지나치게 섭취했을 경우 나트륨 농도를 일정하게 유지하려면 수분의 양을 늘려서 묽게 만들 수밖에 없습니다. 그리고 림프액도 늘어나서 얼굴이 붓습니다.

소금을 지나치게 섭취해도 수분을 충분히 섭취해서 대량의 소변을 배출하면 나트륨을 버릴 수 있다고 생각하는 사람들이 의외로 많은 것 같습니다. 하지만 하루에 소변과 함께 배출되는 나트륨의 양은 정해져 있습니다. 그 양을 넘어서 섭취한 나트륨은 체내에 축적되어 고혈압을 일으키고 맙니다.

하루에 버릴 수 있는 나트륨의 양을 늘리는 방법은 한 가지밖에 없습니다. 바로 칼륨을 풍부하게 섭취하는 것입니다.

신장은 혈액을 여과해서 일단 소변의 원료가 되는 원뇨(原尿)를 만듭니다. 나아가 이 안에서 나트륨, 칼륨, 당분 등 인체에 필요한 성분을 재흡수해서 혈액으로 돌리고 나머지는 소변으로 버립니다.

이 구조는 상당히 복잡하지만 그 안에는 나트륨과 칼륨이 한 팀이 되어 이동하는 장치가 들어 있습니다. 따라서 칼륨을 풍부하게 섭취하면 칼륨과 연동해서 나트륨의 재흡수가 억제되니 결과적으로 소변과 함께 버릴 수 있는 나트륨의 양이 많아집니다.

신장에 이런 구조가 마련된 것은 인체가 주기율표에서 위아래로 인접한 나트륨과 칼륨을 한 묶음으로 관리해온 역사의 흔적이라고 생각할 수 있습니다.

영양 섭취량과 원소

이런 인체의 구조를 반영해서 2005년에 하루당 칼륨의 섭취 목표량이 바뀌었습니다. 이전에는 하루당 2000밀리그램의 칼륨을 섭취하도록 권장했지만 갑자기 한꺼번에 3500밀리그램까지 끌어올린 것입니다.

그렇다고 이전의 기준이 틀린 건 아닙니다. 순수하게 칼륨만을 생각하면 하루에 2000밀리그램을 섭취하면 충분합니다. 보통 일본인은 평균 2400밀리그램의 칼륨을 섭취하고 있습니다. 종래의 기준에 맞춰보면 칼륨은 부족하지 않으니 억지로 많이 섭취할 필요는 없다는 이야기가 됩니다. 의사나 영양사도 기본적으로는 이 기준에 따라서 지도했습니다. 하지만 유감스럽게도 이것은 현실에 맞지 않은 결론이었습니다.

그 원인은 나트륨에 있습니다. 나트륨의 하루 섭취 권장량은 남성의 경우 3500밀리그램이 상한이지만 현실적으로는 평균 4600밀리그램을 섭취하고 있습니다. 여성의 경우에는 권장량의 상한이 3000밀리그램인데 현실적으로는 3900밀리그램을 섭취하고 있습니다. 남녀 모두 나트륨 섭취량을 크게 초과한 거죠. 이것이 고혈압을 국민 병으로 만든 원흉입니다.

먼저 나트륨의 섭취량을 줄여야 합니다. 하지만 일본 후생노동성(우리나라의 보건복지부에 해당하는 정부기관–옮긴이)이 아무리 호소해도 섭취량은 그렇게 쉽사리 줄어들지는 않았습니다. 그래서 어쩔 수 없이 나트륨을 과량 섭취한다는 사실을 전제로 칼륨의 힘을 빌려서 체내의 나트륨을 버리려고 했기 때문에 권장하는 칼륨 섭취량을 한 번에 큰 폭으로 늘린 것입니다.

지금까지 여러 번 말씀드렸지만 식물에는 예외 없이 칼륨이 함유돼 있기 때문에 채소, 과일, 두부 종류를 먹으면 칼륨을 섭취할 수가 있습니다. 특히 다시마나 톳 같은 해조류에 풍부합니다. 해조류에는 칼륨이 담뿍 함유돼 있는데다 식물 섬유가 나트륨과 결합해서 흡수를 방해하는 작용을 하기 때문에, 나트륨을 줄이는 작용을 이중으로 기대할 수 있습니다.

다만 한 가지 주의할 점이 있습니다. 사실, 칼륨의 권장 섭취량을 늘리는 것에 대해 전문의들 사이에서 반대 의견도 나왔습니다.

식물에는 예외 없이
칼륨이 함유돼 있기 때문에
채소, 과일, 두부 종류를 먹으면
칼륨을 섭취할 수가 있습니다.
특히 다시마나 톳 같은
해조류에 풍부합니다.
해조류에는 칼륨이 담뿍 함유돼
있는데다 식물 섬유가 나트륨과
결합해서 흡수를 방해하는 작용을
하기 때문에 나트륨을 줄이는 작용을
이중으로 기대할 수 있습니다.

만성신부전을 앓는 등 신장 기능이 저하된 사람은 칼륨을 배출하는 능력이 떨어져 지나치게 많이 섭취하면 칼륨이 몸 안에 축적됩니다. 그렇게 되면 혈액이나 림프액의 칼륨 농도가 올라가 근육과 신경에 있는 칼륨의 통로를 열어도 세포 안에서 밖으로 칼륨이 나올 수 없게 됩니다. 이렇게 되면 온 상태에서 오프 상태로 전환할 수 없고 근육과 신경이 정상적으로 기능할 수 없게 됩니다.

특히 주의해야 할 것은 심장입니다. 심장은 심근이라는 근육 덩어리입니다. 칼륨이 체내에 지나치게 쌓이면 심장이 정상적으로 박동할 수 없게 되고 최악의 경우 사망에 이르는 경우가 있습니다.

신장 기능이 떨어지는 사람이라면 칼륨을 과잉 섭취하지 않도록 주의해야 합니다.

칼륨 과잉 섭취

건강을 생각해서 칼륨을 손쉽게 영양제로 섭취하고 싶은 이들이 많을 것 같습니다. 하지만 칼륨만의 홑원소 물질 영양제는 약국에서 판매하지 않습니다. 그 이유는 뭘까요?

칼륨 보충제를 만드는 것은 사실 굉장히 간단합니다. 식물을 태우면 남은 잿더미 속에는 칼륨이 풍부하게 함유돼 있으므로 공짜나 다름없이 만들 수가 있습니다. 다만 그런 것을 함부로 팔아서는 안 됩니다. 칼륨은 건강을 유지하기 위해 필수적이지만 그와 동시에 지나치게 섭취하면 목숨을 위협할 수 있기 때문입니다.

물론 병원에는 칼륨 주사액이 있습니다. 다만 환자에게 투여할 때는 양을 몇 번씩 확인하며 상당히 신중하게 주사를 놓습니다. 칼륨을 과량으로 투여하면 건강한 사람이라도 심장 정지로 사망하기 때문입니다.

실제로 1991년에는 의사가 환자에게 칼륨을 주사해서 환자가 사망한 사건이 일어났습니다. 바로 도카이(東海)대학 병원에서 일어난 안락사 사건입니다. 환자는 다발성골수종 말기로 혼수상태였는데 고통스러워하는 모습을 보고 싶지 않다는 환자 보호자의 요청에 주치의가 대량의 칼륨을 주사한 것입니다. 그 결과 환자는 심장 정지로 사망했습니다.

당시 안락사 시비를 둘러싸고 논의가 일었지만, 결국 주치의는 집행유예가 붙은 유죄 판결을 받았습니다.

상당히 무서운 얘기가 아닐 수 없습니다. 하지만 신장 질환이 없다면 해조류나 채소를 아무리 많이 먹어도 심장 기능을 저해할 만큼의 '칼륨 과잉 섭취'는 생기지 않습니다. 상식적인 범위라면 해조류나 채소를 충분히 섭취해도 걱정할 필요가 없다는 얘기지요.

5장

희토류는 빼져나온 게 아니다

수요가 급증하는 강력한 자석

이번 장에서는 희토류(rare earth)라고 불리는 일련의 원소들을 살펴보겠습니다.

주기율표에는 세로 방향의 미학과 가로 방향의 미학이 존재하는데, 희토류 원소들은 후자 쪽입니다. 희토류는, 가로 방향으로 보면 균형 잡힌 주기율표의 본질이 드러나는 원소들로 구성됩니다.

최근 희토류는 자원으로서의 그 가치가 급상승했습니다. 희토류를 획득하려는 쟁탈전에 주요 국가들이 몰려들어 전 세계가 들끓고 있고, 신문의 1면 표제에도 희토류라는 단어가 등장하기에 이르렀습니다.

희토류는 LED나 텔레비전 같은 형광체, 연료전지, 배기가스의 정화장치 같은 첨단 기술 제품에 사용되기 시작했습니다. 쟁탈전이 일어난 가장 큰 이유는 희토류가 최신 기기에 필요한 강력한 자석을 만들 때 빼놓을 수 없는 것이기 때문입니다.

예를 들어 병원의 영상 검사는 지금까지는 CT(컴퓨터 단층 촬영)가 주역이었지만 방사선을 사용하지 않는 MRI(자기공명영상장치)가 서서히 늘어나기 시작했습니다. MRI는 자기와 전자파로 몸의 단면을 영상화하는 장치입니다. CT는 장비 가격이 비교적 싸지만 무엇보다 방사선 피폭 위험성이라는 치명적인 약점을 갖고 있습니다. 그리고 일반적인 CT는 몸을 가로 방향으로 자른 원통의 단면밖에 얻을 수 없지만 MRI는 가로, 세로, 사선 등 모든 방향의 단면을 표시할 수 있습니다. 게다가 영상이 상당히 또렷해서 아주 작은 종양도 놓치지 않고 찾아냅니다.

MRI는 커다란 원통 모양의 검사 장치입니다. 그 원통 내부는 초고성능 강력 자석으로 만들어졌습니다. 이 자석을 만드는 데 희토류가 반드시 필요합니다. 그러니 MRI 검사를 통해 암을 조기에 발견했다면 자신도 모르게 희토류의 은혜를 입었다는 이야기입니다.

이 밖에도 희토류는 전기자동차나 리니어모터카 등에서 사용되므로 강력한 자석의 수요는 앞으로도 급등할 것입니다. 희토류 쟁탈전도 지금보다 더 가열될 것입니다.

희토류, 희유 금속, 비금속

희토류를 설명하기 전에 확실히 해둬야 할 점은, 희토류는 희유 금속과 다르다는 점입니다. 명칭이 비슷해서 혼동하는 사람들이 적지 않지만 이 두 가지는 확실히 구별해서 생각할 필요가 있습니다.

철, 구리, 알루미늄처럼 생산량이 많고 전 세계에서 폭넓게 사용되는 금속은 '비금속(卑金屬, base metal)'이라고 불립니다.

이에 반해 지구 표면에 소량밖에 존재하지 않는, 혹은 간단히 채취할 수 없기 때문에 희소가치를 지니는 금속을 통칭해서 '희유

희토류는 LED나 텔레비전 같은
형광체, 연료전지, 배기가스의
정화장치 같은 첨단 기술 제품에
사용되기 시작했습니다.
쟁탈전이 일어난 가장 큰 이유는
희토류가 최신 기기에 필요한
강력한 자석을 만들 때
빼놓을 수 없는 것이기 때문입니다.

금속'이라고 부릅니다. 그 이름 그대로 '희소한 금속'입니다. 타이타늄(Ti, 티탄), 바나듐(V), 크로뮴(Cr), 망가니즈(Mn), 코발트(Co), 니켈(Ni), 백금(Pt) 등 비교적 친숙한 금속도 희소하다면 폭넓게 희유 금속에 포함됩니다.

그런데 희토류란 희유 금속 중 3족의 6주기까지의 원소를 가리킵니다. 말로 설명하기는 어렵지만 주기율표를 보면 일목요연합니다. 즉 희토류란 희유 금속의 일부입니다.

희토류를 영어로 'rare earth'라고 하는데, 여기서 'earth'는 '땅'이라는 의미로 사용됐습니다. 땅에 아주 조금만 함유돼 있는 원소라는 의미에서 '희토류'라는 이름이 붙여진 것입니다.

일본의 경제 성장이 한창이었던 1968년, 히타치 제작소에서 '키도카라'라는 이름의 텔레비전을 발매했습니다. 브라운관에 희토류를 사용해 휘도(輝度, 일본어로 키도라고 발음한다 — 옮긴이)가 올라갔다고 해서 반은 말장난 삼아 '키도카라'라는 이름이 붙여진 것입니다. 휘도란 디스플레이 화면의 밝기 정도를 말합니다. 다만 이런 상품에 사용되는 용도가 아니면 일상생활에서 희토류를 접하는 일은 거의 없었습니다.

그렇지만 이 희토류는 고성능 자석에 없어서는 안 되는 재료로 지금은 세계 경제를 쥐락펴락할 정도로 중요한 존재가 돼버렸습니다.

희토류를 사용한 자석은 '희토류 자석'이라고 불리는데, 뭐니

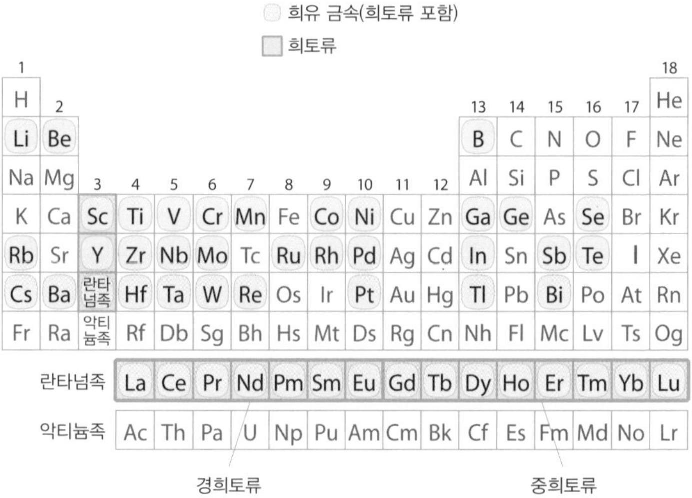

그림 5-1. 희유 금속, 희토류

뭐니 해도 높은 자력을 보유할 수 있다는 점이 최대의 강점입니다. 하이브리드자동차나 전기자동차의 모터는 결국 자석으로 구동하기 때문에 자력이 커지면 그만큼 파워와 속도가 올라갑니다.

게다가 희토류는 녹는점(융점)이 상당히 높고 열전도율이 높은 등, 다른 원소가 갖지 못한 성질도 갖고 있습니다. 산업계 입장에서는 이 부분도 커다란 매력입니다.

어떤 장치라도 장시간에 걸쳐 구동시키면 많건 적건 열을 발생시킵니다. 그런데 열전도율이 높으면 열이 잘 모아지지 않습니다. 설령 온도가 올라가도 녹지 않는다면 쉽사리 붕괴되지 않을 것입니다. 다시 말해 희토류 자석은 열에 강하고 장시간 계속해서 사용할 수 있다는 커다란 장점을 지니고 있습니다.

열일곱 개의 희토류 원소

희토류는 전부 열일곱 종류의 원소로 이루어져 있습니다. 프라세오디뮴(Pr), 프로메튬(Pm), 유로퓸(Eu), 터븀(Tb, 테르븀), 홀뮴(Ho)……. 아마도 평소 일상 생활에서 거의 접한 적이 없는 원소일 것입니다.

실제로 희토류는 얼마 전까지만 해도 공급량이 적었을 뿐만 아니라 사용하는 방법도 잘 몰랐습니다. 솔직히 말하자면 주기율표 안의 그저 그런 원소처럼 여겨졌습니다.

그러나 과학기술의 진보로, 희토류가 강한 자석의 재료가 되고 빛을 발하는 등 첨단 정밀기기에 꼭 필요하다는 사실이 밝혀졌습니다.

보통은 새로운 성질이 발견된 원소만이 클로즈업될 것입니다. 예를 들어 신문 제목에는 '디스프로슘 쟁탈전, 가열되다!'라는 식으로 원소 이름이 등장했을 것입니다. 하지만 실제로 이렇게 제목에 구체적인 원소 이름이 등장한 것은 〈일간공업신문〉이나 〈닛케이산업신문〉 같은 업계 전문지에 한정됐고, 일반 신문의 경우는 '희토류 쟁탈전, 가열되다!'라는 식으로 한데 묶여 다뤄졌습니다.

이것은 열일곱 종류의 원소의 전반적인 성질이 아주 닮아서 희토류를 한데로 묶어 파악하는 것이 편하기 때문입니다. 사실 희토류에 갑자기 이목이 집중된 근본적인 이유도 공통된 성질을 갖고 있기 때문입니다.

왜 중국에 기선을 제압당했나?

희토류의 수요가 전 세계적으로 높아지는 한편, 산지는 중국에 편재해 있어 희토류를 둘러싼 정세는 국제적인 경제 문제로 발전했습니다.

2011년 9월, 희토류 부족이 아킬레스건이 된다는 현실을 똑똑히 보여준 사건이 일어났습니다. 중국과 영유권 다툼을 벌이고 있는 센카쿠(尖閣) 제도에서 위법조업을 하던 중국 어선의 선장이 일본에서 체포되었는데, 이에 중국의 관세당국이 희토류 수출을 중단시켰습니다. 일본 정부가 선장을 신속하게 중국으로 돌려준 배경에는 희토류가 수입되지 못하면 일본 경제가 위태로워질 수 있어서라는 견해가 유력합니다. 현재 희토류의 대부분을 중국이라는 한 국가에 의존하고 있다는 건 사실입니다.

왜 희토류는 중국에만 편재된 걸까요? 동시대를 적극적으로 살아나가려면 그 대답을 알아둘 필요가 있습니다. 사실 중국은 두 개의 우연으로 희토류를 손에 쥘 수 있게 됐습니다.

희토류 원소들은 각각의 전자 배치가 아주 비슷합니다. 그 결과 화학적인 성질도 상당히 비슷해서 같은 장소에서 산출되는 경

희토류 광상 자체는 아시아, 북유럽,
아프리카, 남북 아메리카, 호주 등
세계 각지에서 발견됩니다.
하지만 그 대부분은 경희토류가
채굴되는 광상입니다. 중희토류를
캐낼 수 있는 광상은 현재로서는
중국 남부밖에 개발되지 않았습니다.
따라서 중희토류는
중국에 의존할 수밖에 없습니다.

향이 강합니다.

다만 희토류 원소들을 통째로 한꺼번에 캘 수 있는 것은 아닙니다. 희토류에는 란타넘(란탄)이나 네오디뮴처럼 원자가 비교적 가벼운 '경희토류 원소'를 채굴할 수 있는 광상(鑛床)과 디스프로슘이나 이터븀(이테르븀)처럼 원자가 비교적 무거운 '중희토류 원소'를 캐낼 수 있는 광상, 이 두 종류가 있습니다.

희토류 광상 자체는 아시아, 북유럽, 아프리카, 남북 아메리카, 호주 등 세계 각지에서 발견됩니다. 하지만 그 대부분은 경희토류가 채굴되는 광상입니다. 중희토류를 캐낼 수 있는 광상은 현재로서는 중국 남부밖에 개발되지 않았습니다. 따라서 중희토류는 중국에 의존할 수밖에 없습니다.

중희토류는 화강암에 함유돼 있지만 함유량은 극히 미량입니다. 화강암 자체는 전 세계에 있지만 이것을 부숴서 희토류를 추출하려면 막대한 비용이 듭니다. 하지만 우연히도 중국 남부에는 화강암이 풍화해서 만들어진 점토층이 있고, 희토류가 이온 상태로 점토에 흡착돼 있습니다. 거기에 황산암모늄 등을 흘려보내면 희토류의 이온이 녹아나오기에 중희토류를 싼 값으로 채취할 수 있습니다. 고온다습하지 않으면 화강암이 풍화할 일은 없지만 우연히도 중국 남부는 기후 조건이 딱 들어맞는 시기가 오랫동안 이어졌습니다.

이와 달리 경희토류의 광상은 중국뿐 아니라 전 세계에서 발견됐습니다. 정말 다행이라고 손뼉이라도 치고 싶지만 유감스럽게도 이것 역시 중국의 단독 무대입니다.

세계 각지에 있는 경희토류 광상 중에서 우연히 중국의 바이윈오보 광상만이 지표 바로 근처에 있습니다. 덕분에 채굴 비용이 파격적으로 낮아져 전 세계 시장을 석권했습니다. 타국의 광상은 가격 경쟁에서 밀려 개발이 늦어지고 말았습니다.

바이윈오보는 한자로 백운악박(白雲鄂博)이라고 쓰는데, 이것은 중국어가 아니고 몽골어로 '풍요로운 언덕'이라는 의미입니다. 지명이 몽골어라는 점에서 알 수 있듯이 바이윈오보 광상은 몽골과의 국경선 바로 근처에 있습니다. 만약 중국과 몽골의 국경선이 조금만 남쪽으로 그어졌다면 희토류의 세력 분포도는 완전히 달라졌을 것입니다.

이처럼 완전히 중국에 편중된 희토류이지만 또 다른 소식도 들립니다.

2011년 7월, 도쿄대학을 중심으로 한 연구팀이 하와이제도 주변의 중앙태평양과 타히티섬 주변의 남태평양에 희토류를 포함한 진흙이 해저에 넓게 분포한다는 사실을 밝혀냈습니다.

또한 일본의 배타적 경제수역인 미나미토리섬(南鳥島) 주변에서도 희토류를 포함한 진흙이 대량으로 발견됐습니다. 자원의 양은 일본 국내 소비량 기준으로 230년 분량 정도 될 것이라 추정됩니다. 중국 남부에서밖에 산출되지 않는 중희토류도 풍부하게 함유하고 있기 때문에 염가로 채취할 수 있는 방법이 확립되면 희토류를 둘러싼 자원 문제는 상황이 달라질 것으로 보입니다.

왜 이렇게 대량의 희토류가 해저에 잠들어 있었을까요? 희토류는 극히 미량이지만 바닷물에도 포함돼 있는데 이것이 산화철 등에 흡착해서 침전한 후 해저 진흙이 됐기 때문입니다. 수심이 3500~6000미터나 되는 아득한 심해이지만 진흙 상태로 침전했기에 흡출하는 것이 불가능하지는 않다고 봅니다.

주기율표의 하단

그렇다면 이제 희토류라고 총칭되는 열일곱 종류의 원소를 주기율표로 확인해볼까요?

4주기의 스칸듐(Sc)과 5주기의 이트륨(Y)은 제쳐두고 6주기의 원소는 칸 밖으로 쫓겨나 있습니다. 칸 밖에 놓인 것은 희토류가 주기율표로 제대로 표현할 수 없기 때문이라고 생각할지도 모르겠습니다. 실제로 저 역시 고등학생 때는 그렇게 생각을 했습니다.

하지만 이것은 틀린 말입니다. 칸 밖에 놓여 있다는 점 자체가 희토류의 본질을 절묘하게 표현하고 있습니다. 주기율표의 한계는커녕 오히려 주기율표의 진면목을 보여준다고 해도 좋을 것 같습니다.

원자번호 57번인 란타넘에서 원자번호 71인 루테튬까지 열다섯 개의 원소는 모두 3족의 6주기 원소입니다. 즉 주기율표 안에서 57~71이라고 적힌 위치에 열다섯 개의 원소가 전부 들어갑니다.

주기율표에서는 하나의 위치에 하나의 원소가 들어가는 것이 대원칙입니다. 그런데 3족의 경우 6주기와 7주기가 똑같은 장소에 각각 열다섯 개의 원소가 들어가 있습니다. 좁은 장소에 열다섯 개의 원소를 적어놓을 수 없어서 편의상 칸 밖에 적어놓은 것입니다.

한 곳에 많은 원소가 들어가는 점을 이상하다고 여길 것 같습니다. 하지만 그로 인해 희토류의 본질을 훌륭하게 표현할 수 있습니다. 이해를 돕기 위해서 발상을 바꾼 다양한 형태의 주기율표를 살펴보도록 하겠습니다.

다양한 형태의 주기율표

중학교 수학 시간에 배웠겠지만 구(球)의 표면적은 반지름의 제곱에 비례합니다. 반지름이 두 배가 되면 면적은 네 배가 되고 반지름이 세 배가 되면 면적은 아홉 배가 됩니다. 원자도 이와 마찬가지로 반지름이 커지면 표면적은 급격하게 증가합니다.

그렇게 되면 주변을 도는 전자 궤도(오비탈)의 종류 역시 다양하게 나타납니다. 다양하게 증가하다 보니 안쪽 궤도보다 바깥쪽 궤도의 에너지가 낮은 돌연변이가 등장하는 것도 이상한 현

	1	2	13	14	15	16	17	18
1	1 H							2 He
2	3 Li	4 Be	5 B	6 C	7 N	8 O	9 F	10 Ne
3	11 Na	12 Mg	13 Al	14 Si	15 P	16 S	17 Cl	18 Ar
4	19 K	20 Ca	21 Sc~ 31 Ga	32 Ge	33 As	34 Se	35 Br	36 Kr
5	37 Rb	38 Sr	39 Y~ 49 In	50 Sn	51 Sb	52 Te	53 I	54 Xe
6	55 Cs	56 Ba	57 La~ 81 Tl	82 Pb	83 Bi	84 Po	85 At	86 Rn
7	87 Fr	88 Ra	89 Ac~ 112 Cn					

이 안에 전이원소(3족~12족)가 쑥 들어간다!

그림 5-2. 심플한 주기율표

상이 아닙니다. 즉 주기가 커지면 결과적으로 가장 바깥쪽 궤도부터 먼저 채워지는 현상이 일어납니다. 바로 전이원소가 그렇습니다.

원소의 성질을 결정하는 가장 중요한 요인은 바깥쪽 궤도의 전자 배치입니다. 바깥쪽 궤도의 전자수가 같은 원소를 한데로 모아서 주기율표로 심플하게 표시하면 그림 5-2와 같이 됩니다. 통상의 주기율표라면 란타넘족과 악티늄족만을 한 칸 안에 넣어 표시하는데, 여기서는 전이원소 전체를 한 곳으로 모아서 그렸습니다. 이른바 란타넘족·악티늄족의 확대판이라고 할 수 있겠죠.

사실 역사적으로는 그림 5-3과 같은 주기율표가 오랫동안 이용됐습니다. 이것을 '단주기형 주기율표'라고 합니다. 당시에는

	1		2		3		4		5		6		7		8	9		
1	H														He			
2	Li		Be			B		C		N		O		F	Ne			
3	Na		Mg			Al		Si		P		S		Cl	Ar			
4	K	Cu	Ca	Zn	Sc	Ga	Ti	Ge	V	As	Cr	Se	Mn	Br	Kr	Fe	Co	Ni
5	Rb	Ag	Sr	Cd	Y	In	Zr	Sn	Nb	Sb	Mo	Te	Tc	I	Xe	Ru	Rh	Pd
6	Cs	Au	Ba	Hg	란타넘족	Tl	Hf	Pb	Ta	Bi	W	Po	Re	At	Rn	Os	Ir	Pt
7	Fr	Rg	Ra	Cn	악티늄족		Rf		Db		Sg		Bh			Hs	Mt	Ds

그림 5-3. 단주기형 주기율표

아식 전자 궤도를 정확하게는 알지 못했기에 앞서 보여드렸던 심플한 주기율표와는 상당히 다릅니다. 하지만 전이원소의 일부를 똑같은 그룹으로 보았다는 방향성은 일치합니다.

원자가껍질의 오비탈을 채우는 전자수가 똑같고, 바깥에서 두 번째 전자껍질의 오비탈을 채우는 전자수만 다른 원소들이 바로 전이원소입니다. 그런데 여기서 더 나아가 6주기에 이르면 원자가껍질만이 아니라 바깥에서 두 번째 전자껍질의 오비탈을 채우는 전자수까지 같아지는 현상이 나타납니다. 이것이 바로 희토류입니다.

희토류를 한 곳에 모으지 않고 전이원소와 마찬가지로 원소 하나하나를 개별적으로 표기하면 그림 5-4와 같이 양쪽으로 펼쳐

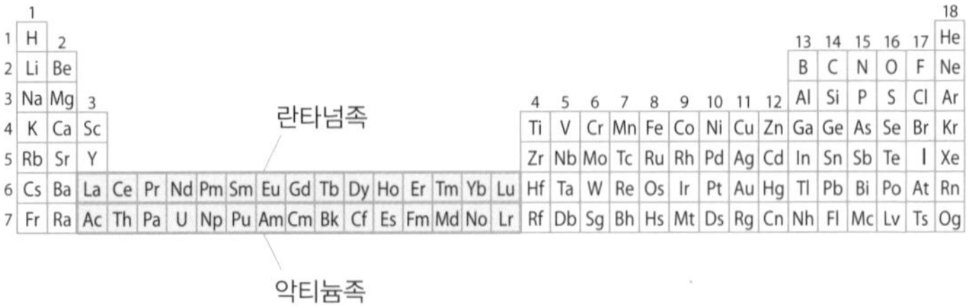

그림 5-4. 양 끝으로 퍼진 주기율표

지는 주기율표가 만들어집니다.

이것은 가로 폭이 지나치게 넓어서 아무래도 사용하기가 불편합니다. 이런 편의상의 이유로 희토류를 한 곳으로 모았기 때문에 우리에게 친숙한 현재의 주기율표 형태가 정착됐습니다.

그런데 양 옆으로 퍼진 주기율표보다 더욱 근본적이라고 할 수 있는 주기율표도 나타나긴 했습니다.

우리는 별 의심 없이 주기율표란 1족의 원소가 가장 왼쪽에 있고 18족의 원소가 가장 오른쪽에 있는 것이 당연하다고 생각합니다. 여기서 발상을 약간만 전환시켜서 18족과 1족을 붙여봅시다(그림 5-5).

원자번호 2인 헬륨의 다음은 원자번호 3인 리튬, 원자번호 10인 네온의 다음은 원자번호 11인 나트륨이니 원래는 좌우를 끊어서는 안 됩니다. 18족과 1족을 떼어놓지 말고, 3족과 4족의 사이를 자르면 그림 5-5처럼 밑으로 퍼진 주기율표를 그릴 수 있습

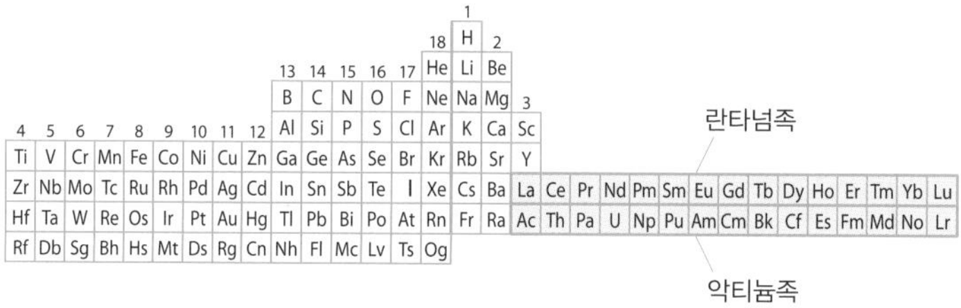

그림 5-5. 밑으로 퍼진 주기율표

니다. 이 주기율표라면 주기가 늘어남에 따라서 구성하는 원소의 숫자도 증가하는 양상이 시각적으로 잘 전달이 됩니다. 원자라는 구체의 표면적이 늘어났다는 것을 실감할 수 있습니다.

하지만 사실은 3족과 4족 사이에서도 원소가 잘려지지는 않았습니다. 정확하게 말하자면, 원소는 원자번호의 순서에 맞춰서 끝까지 이어져 있습니다. 다만 이것을 충실하게 재현하려면 평면으로는 불가능합니다. 아무리 묘책을 짜내도 치밀한 세계지도를 평면으로 그릴 수 없는 것과 같은 이치입니다. 방향과 축적까지 정확하게 나타내려면 지구본에 그려야 합니다.

그래서 주기율표에서도 평면이 아닌 입체로 그리려는 시도가 등장했습니다. 그중 가장 널리 알려진 것이 교토대학의 마에노 요시테루(前野悦輝) 교수가 고안한 '엘레멘터치(element[원소]와 touch[실제로 만진다]를 합한 조어—옮긴이)'라는 이름의 새로운 주기율표입니다. 이것을 '주기율표의 지구본'이라고 부르기도 합

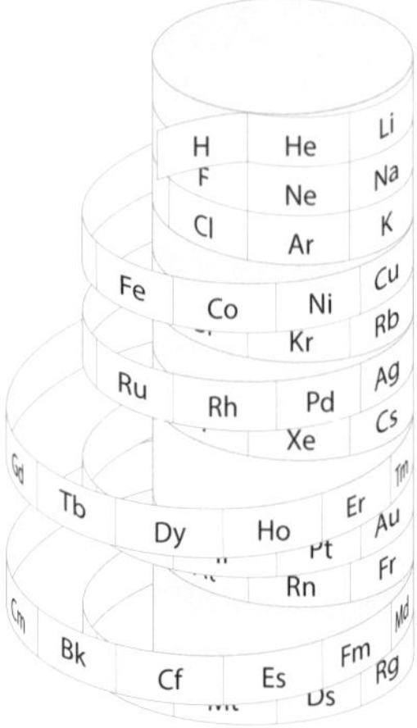

그림 5-6. 링 모양의 주기율표(엘레멘터치)

니다.

희토류로 강력한 자석이 만들어지는 원리

주기율표의 본질을 이해하기 위해 희토류 이야기로 다시 돌아가겠습니다.

바깥에서 두 번째 전자껍질의 오비탈을 채우는 전자수까지 같은 희토류가 보통의 전이원소보다도 훨씬 더 성질이 비슷한 것은 생각해보면 당연합니다. 그러니 희토류는 가로로 연결된 전이원소 중의 전이원소라고 말해도 좋을 것 같습니다.

희토류로 강력한 자석이 만들어지는 이유도 전자 궤도로 설명할 수가 있습니다.

철 원자에는 N극과 S극이 있으며 이것을 같은 방향이 되도록 모으면 자석이 됩니다. 그런데 N극과 S극을 나란히 모아 강력한 자석을 만들려고 해도, 실제로는 그 방향을 뒤집어 반대로 만드는 철 원자가 계속 나타납니다. 그렇게 되면 자력은 사라지고 맙니다. 하지만 철에 네오디뮴이나 디스프로슘 같은 희토류를 더하면 이런 현상을 막아 강력한 자석이 만들어집니다.

희토류는 바깥에서 세 번째 전자껍질의 오비탈(4f오비탈)에 빈자리가 있기 때문에 원자의 모양이 뭉개져 있습니다. 이것이 중간에 끼어들어 철 원자가 뒤집어지는 것을 막아줍니다. 이런 성질은 희토류에서 많이 발견되지만 그중 특히 네오디뮴과 디스프로슘이 강력한 효과를 갖고 있습니다.

총 열네 개의 전자가 들어오는 오비탈(4f오비탈)에 네오디뮴의 경우에는 네 개의 전자만 들어와 있고, 디스프로슘의 경우에는 열 개의 전자가 들어와 있어서 빈자리가 네 개가 남았습니다. 전자가 네 개가 들어오는 경우와 네 개만 빈자리인 경우가 원자가 가장 많이 짓눌리기 때문에 자력을 유지하는 효과가 크지 않나 생각해봅니다.

한 걸음 더

6주기와 7주기의 숨겨진 특징

란타넘족의 열다섯 개나 되는 원소가 주기율표에서 같은 장소에 위치하는 것은 이들 원소가 가장 바깥에 있는 전자껍질의 전자수만이 아니라 바깥에서 두 번째에 있는 전자껍질의 전자수까지 대부분 같기 때문입니다. 바깥에서 세 번째인 전자껍질의 전자 숫자만이 달라서 열다섯 개의 원소는 주기율표의 가로 방향으로 성질이 매우 유사합니다.

왜 이런 불가사의한 일이 일어나는지는 1장에서 설명한 양자수의 법칙을 떠올리면 쉽게 이해할 수 있을 것 같습니다.

전자 궤도(오비탈)는 주양자수 n, 방위양자수 ℓ, 자기양자수 m, 이렇게 세 개의 숫자로 정해지며 나아가 각각의 양자수는 다음 네 개의 원칙을 따른다고 말씀드렸습니다.

원칙 1. 주양자수 $n = 1, 2, 3\cdots\cdots$

원칙 2. 방위양자수 $\ell = 0 \sim n-1$

원칙 3. 자기양자수 $m = -\ell \sim +\ell$

원칙 4. 하나의 오비탈에 들어오는 전자는 두 개까지

전자 궤도는 주양자수와 방위양자수에 의해 이름이 붙여집니다.

우선 주양자수 n은 숫자로 나타냅니다.

한편 방위양자수에 대해서는 방위양자수 $\ell=0$인 경우는 s오비탈, 방위양자수 $\ell=1$인 경우는 p오비탈, 방위양자수 $\ell=2$인 경우는 d오비탈, 방위양자수 $\ell=3$인 경우는 f오비탈로 표현합니다.

예를 들어 주양자수 $n=1$, 방위양자수 $\ell=0$인 경우는 1s오비탈입니다. 그리고 주양자수 $n=2$, 방위양자수 $\ell=1$인 경우는 2p오비탈이라고 표현합니다.

주목해야 할 점은 주양자수의 순서대로 전자가 반드시 들어오는 것은 아니고, 방위양자수에 따라 궤도에너지가 역전하는 경우도 있습니다. 예를 들어 3d오비탈보다 4s오비탈에 먼저 전자가 들어갑니다. 이것은 3d오비탈보다 4s오비탈 쪽이 에너지가 낮기 때문입니다.

이로 인해 나타나는 것이 전이원소입니다. 예를 들어, 스칸듐에서 구리까지의 전이원소는 먼저 가장 바깥의 4s오비탈이 메워지고 그후 안쪽인 3d오비탈이 하나씩 메워집니다. 주기율표에서 인접한 원소들을 비교했을 경우 원소의 성질을 결정해주는 바깥 궤도는 대략적으로 같기 때문에 비슷한 금속의 성질을 갖게 됩니다.

이런 현상이 더욱 철저하고 특징적으로 나타나는 것이 희토류입니다. 희토류의 대부분은 주기율표 중에서 6주기의 왼쪽에서 세 번째 줄에 들어오는 열다섯 개의 원소입니다. 주기율표에서는 란타넘족이라고 적혀 있습니다. 란타넘족이란 란타넘과 비슷한 무리라는 의미입니다. 이 열다섯 개의 원소 중 원자번호가 가장 앞인 57번이 진정한 란타넘입니다. 하지만 나머지 열네 개의 원소도 란타넘과 성질이 닮았다고 해서 총칭해서 란타넘족이라고 부릅니다.

왜 나머지 열네 개 원소의 성질이 란타넘과 닮았을까요? 그 비밀은 전자 배치를 확인하면 일목요연합니다.

153페이지 그림 5-7처럼 란타넘족은 4f오비탈에 전자가 하나씩 들어가는데 그 바깥에는 5d에 일부 예외가 있지만 5s와 5p는 모두 전자가 꽉 차 있습니다. 나아가 또 그 바깥에는 6s오비탈이 있는데 여기에도 두 개의 전자가 들어가 있어 정원이 다 차 있습니다.

이것은 슈뢰딩거 방정식의 마법에 의해 가장 바깥쪽 원자가껍질의 6s오비탈과 바깥에서 두 번째 전자껍질의 5s오비탈 및 5p오비탈보다 바깥에서 세 번째 전자껍질의 4f 오비탈 쪽이 에너지가 높은, 역전 현상이 일어나기 때문입니다.

이로 인해 란타넘족에 속하는 원소는 가장 바깥쪽 원자가껍질과 바깥에서 두 번째 전자껍질의 오비탈이 먼저 메워지고 바깥에서 세 번째 전자껍질의 오비탈을 메우는 전자수만 달라집니다.

란타넘족의 전자 배치

	전자수														
오비탈	La	Ce	Pr	Nd	Pm	Sm	Eu	Gd	Tb	Dy	Ho	Er	Tm	Yb	Lu
1s	2	2	2	2	2	2	2	2	2	2	2	2	2	2	2
2s	2	2	2	2	2	2	2	2	2	2	2	2	2	2	2
2p	6	6	6	6	6	6	6	6	6	6	6	6	6	6	6
3s	2	2	2	2	2	2	2	2	2	2	2	2	2	2	2
3p	6	6	6	6	6	6	6	6	6	6	6	6	6	6	6
3d	10	10	10	10	10	10	10	10	10	10	10	10	10	10	10
4s	2	2	2	2	2	2	2	2	2	2	2	2	2	2	2
4p	6	6	6	6	6	6	6	6	6	6	6	6	6	6	6
4d	10	10	10	10	10	10	10	10	10	10	10	10	10	10	10
4f	0	1	3	4	5	6	7	7	9	10	11	12	13	14	14
5s	2	2	2	2	2	2	2	2	2	2	2	2	2	2	2
5p	6	6	6	6	6	6	6	6	6	6	6	6	6	6	6
5d	1	1	0	0	0	0	0	1	0	0	0	0	0	0	1
5f	0	0	0	0	0	0	0	0	0	0	0	0	0	0	0
6s	2	2	2	2	2	2	2	2	2	2	2	2	2	2	2

오비탈들에 들어오는
전자수가
가로 방향으로
모두 같다

이 오비탈들에
들어오는
전자수만
변화한다

악티늄족의 전자 배치

	전자수														
오비탈	Ac	Th	Pa	U	Np	Pu	Am	Cm	Bk	Cf	Es	Fm	Md	No	Lr
1s	2	2	2	2	2	2	2	2	2	2	2	2	2	2	2
2s	2	2	2	2	2	2	2	2	2	2	2	2	2	2	2
2p	6	6	6	6	6	6	6	6	6	6	6	6	6	6	6
3s	2	2	2	2	2	2	2	2	2	2	2	2	2	2	2
3p	6	6	6	6	6	6	6	6	6	6	6	6	6	6	6
3d	10	10	10	10	10	10	10	10	10	10	10	10	10	10	10
4s	2	2	2	2	2	2	2	2	2	2	2	2	2	2	2
4p	6	6	6	6	6	6	6	6	6	6	6	6	6	6	6
4d	10	10	10	10	10	10	10	10	10	10	10	10	10	10	10
4f	14	14	14	14	14	14	14	14	14	14	14	14	14	14	14
5s	2	2	2	2	2	2	2	2	2	2	2	2	2	2	2
5p	6	6	6	6	6	6	6	6	6	6	6	6	6	6	6
5d	10	10	10	10	10	10	10	10	10	10	10	10	10	10	10
5f	0	0	2	3	4	6	7	7	9	10	11	12	13	14	14
6s	2	2	2	2	2	2	2	2	2	2	2	2	2	2	2
6p	6	6	6	6	6	6	6	6	6	6	6	6	6	6	6
6d	1	2	1	1	1	0	0	1	0	0	0	0	0	0	0
6f	0	0	0	0	0	0	0	0	0	0	0	0	0	0	0
7s	2	2	2	2	2	2	2	2	2	2	2	2	2	2	2

오비탈들에 들어오는
전자수가
가로 방향으로
모두 같다

이 오비탈들에
들어오는
전자수만
변화한다

그림 5-7. 란타넘족, 악티늄족의 전자 배치

란타넘족 원소들의 성질이 전이원소보다 훨씬 더 많이 닮았다는 사실은 누구나 상상할 수 있을 겁니다.

6주기의 란타넘족에서 일어난 것과 완전히 똑같은 현상이 7주기에서도 일어납니다. 그림처럼 악티늄족은 5f오비탈에 전자가 하나씩 들어가게 되는데 그 바깥에는 (6d에 일부 예외가 있긴 하지만) 6s와 6p는 전자가 모두 만석입니다. 나아가 또 그 바깥에는 7s 오비탈도 있는데 여기에도 두 개의 전자가 들어와 정원이 다 차 버렸습니다. 그래서 원자번호 103까지의 열네 개의 원소가 원자번호 89인 악티늄과 흡사한 성질을 보이기 때문에 총칭해서 악티늄족이라고 부릅니다.

1장에서 언급했지만 6주기와 7주기가 완전히 평행을 이루는 모습은 정말 아름답습니다. 이런 전자 궤도가 만들어나는 균형 잡힌 질서를 한 장의 그림으로 표현하는 데 성공한 것이 주기율표의 숨겨진 특징입니다.

6장

아름다운 희유 기체

H
Li
Be
Na
Mg
K
Ca
B
C
Al
Si
Ga
Ge
Sc
Ti
V
Cr
Mn
Fe
Co
Ni
Cu
Zn
Y
Zr
Nb
Mo
Tc
Ru
Rh
Pd
Ag
Cd
In
Sn
Au
Hg
Tl
Pb

희유 기체의 아름다운 궤도

주기율표에서 세로 방향의 아름다움을 대표하는 것이 18족의 희유 기체입니다.

'이 세상은 나의 것이다. 부족함이 없는 저 보름달을 보라.'

이것은 후지와라 미치나가(藤原道長, 헤이안 시대의 귀족이자 정치가로, 그의 딸 넷이 천황과 혼인을 하는 등 당시 일본의 최고 실권자였다—옮긴이)가 읊은 노래인데, 희유 기체의 아름다움을 잘 표현하는 노래라고 생각합니다. 왕의 외척이었던 그는 왕을 쥐고 흔들 정도의 권력을 손에 쥐었는데, 자신이 가진 권력의 완벽함을 보름달에 빗대어 위와 같이 노래했죠. 희유 기체에 속하는 각 원소의 전자 배치도 후지와라 미치나가가 사랑했던 완벽한 보름달과 아주 많이 닮았습니다.

희유 기체라고 불리는 여섯 개의 원소는 주기율표에서는 가장 오른쪽에 위치한 18족에 속합니다. 모든 18족 원소는 가장 바깥쪽 궤도가 전자로 가득 차 있는데, 그 이유 때문인지 각 원소의 성질도 아주 놀랄 정도로 닮았습니다. 세로로 배열된 원소는 그 성질이 닮았다는 주기율표의 특징이 희유 기체에서 가장 전형적으로 나타나는 셈입니다.

그림 6-1처럼 각 원소의 궤도에 전자의 빈자리가 없고 전자의

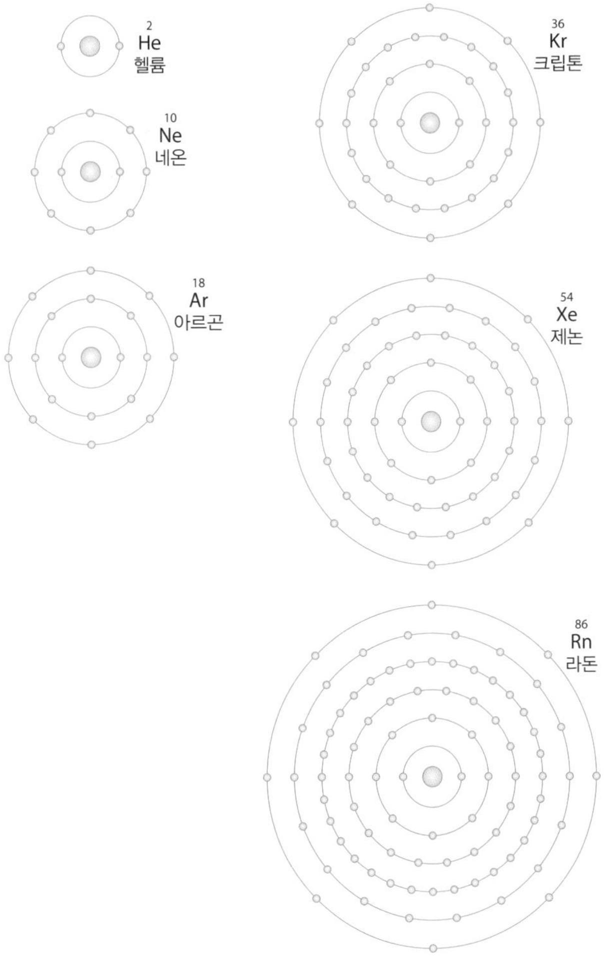

그림 6-1. 희유 기체의 전자 배치

정원이 꽉 차 있는 상태입니다. 원래 모든 원자의 전자 궤도는 위치상 사방팔방으로 대칭하는 관계에 있기 때문에 전자의 정원이

헬륨(He)은 수소에 이어서
두 번째로 가벼운 기체로
기구나 비행선을 공중에
띄울 때 이용됩니다.
공기는 질소와 산소가
대략 4대 1로 혼합된 기체인데
헬륨은 질소나 산소보다 훨씬 가벼워서
공기 중에 뜹니다.

넘치거나 부족하지 않게 전부 채워지면 기본적으로 원자의 형태는 공 모양이 됩니다. 즉, 원소의 겉모습도 보름달처럼 아름답습니다.

희유 기체라고 불리는 점에서 알 수 있듯이 평상시의 온도에서 18족 원소는 모두 가스, 즉 기체로서 존재합니다.

기체라면 산소나 질소가 친근한 존재일 것 같은데, 산소나 질소는 원자 두 개가 결합되어 O_2, N_2라는 분자 상태로 존재합니다.

이에 반해 희유 기체는 원자 한 개가 단독으로 기체가 됩니다. 전자 궤도의 정원이 다 차서 빈자리가 없기 때문입니다. 그래서 희유 기체는 다른 원자와 반응하지 않을 뿐만 아니라 희유 기체끼리도 반응하지 않습니다.

최근 기업끼리 합병이나 제휴를 하는 일이 늘어나는데, 이는 서로에게 뭔가 부족한 것이 있기 때문에 그렇겠죠. 한 기업에서 모든 것을 다 갖췄다면 합병이나 제휴를 할 필요가 없을 것입니다. 희유 기체의 원자가 다른 원자와 반응하지 않는 것도 이와 비슷하다고 생각하면 이해하기 쉬울 것입니다.

그럼 18족에 포함된 각각의 원소를 소개하겠습니다.

우량 기체 헬륨

헬륨(He)은 수소에 이어서 두 번째로 가벼운 기체로 기구나 비행선을 공중에 띄울 때 이용됩니다. 공기는 질소와 산소가 대략 4 대 1로 혼합된 기체인데 헬륨은 질소나 산소보다 훨씬 가벼워서 공기 중에 뜹니다.

헬륨은 공기 중에도 포함돼 있지만 그 비율은 겨우 0.0005%입니다. 너무나 희박해서 공기에서 추출하기가 쉽지 않습니다.

그럼 풍선이나 비행기를 띄우는 데 사용되는 헬륨은 어떻게 손에 넣을 수가 있을까요?

현재 사용하는 헬륨의 대부분은 천연가스에서 채취한 것입니다. 북아메리카 산과 카타르 산, 알제리 산 천연가스에는 몇 %의 헬륨이 포함돼 있으며, 메탄 등을 추출한 후의 기체에서 빼냅니다.

당연한 얘기이지만 화학반응을 통해 쉽게 만들 수 있는 수소보다는 비용이 비싸서 헬륨의 가격은 수소의 네 배 이상입니다. 그렇다면 비행선이나 기구도 값싼 수소로 움직일 수 있으면 좋겠다는 생각이 들 것입니다.

실제로 옛날에는 수소가 사용됐습니다. 하지만 수소는 공기 중의 산소와 반응해서 폭발을 일으킵니다. 이것이 후쿠시마 원자력 발전소에서 일어난 수소 폭발입니다. 1937년에는 힌덴브루크 호라는 독일의 대형 비행선이 미국의 뉴저지 주에서 수소 폭발을 일으켜 수많은 승무원과 승객이 사망하는 가슴 아픈 사고가 일어났습니다. 그후 수소를 사용하는 일이 확 줄어들었습니다.

이 점에서 보면 희유 기체인 헬륨의 안전성은 백점 만점입니다. 뭐니 뭐니 해도 화합물을 만들지 않기에 애초에 폭발이 일어날 리가 없습니다. 그래서 비행기나 기구에는 가격이 비싸더라도 헬륨을 이용할 수밖에 없습니다.

꼭꼭 숨은 원소 네온

네온(Ne)이라고 하면 누구나 가장 먼저 레스토랑 앞이나 간판에서 휘황찬란하게 빛나는 네온사인을 떠올릴 것입니다. 네온이 봉입된 유리관의 양 끝에 전압을 걸어서 방전시키면 발광하는데, 네온사인은 이 성질을 이용한 것입니다.

네온이 발광하는 것은 전자 궤도와 관계가 있습니다. 희유 기체는 모두 원자가껍질의 정원이 꽉 차서 전자가 만석인 상태입니다. 물론 네온도 예외는 아닙니다.

그런데 전압을 걸어서 방전시키면 높은 에너지가 네온의 원자에 부여돼서 안정된 궤도를 돌던 전자가 다시 바깥 궤도로 밀려납니다. 하지만 이것은 불안정한 상태라서 바로 원래의 안정된 궤도로 돌아오려고 합니다. 이때 남은 에너지가 빛으로 방출됩니다. 이것이 바로 네온사인의 원리입니다.

네온은 새롭다는 의미의 그리스어 'neos'가 어원입니다. 네오리버럴리즘(신자유주의)이나 네오로맨티시즘(신낭만주의) 등 네오는 자주 이용되는 표현입니다.

산소와 탄소는 옛날부터 알려져 있었지만 다른 대부분의 원소는 역사상 어떤 한 시점에 발견된 것들입니다. 즉 어떤 원소든 발견됐을 당시엔 늘 네오였던 셈이지요. 그런데 그중에서 어째서 네온에만 이런 이름이 붙여졌을까요?

멘델레예프가 주기율표를 발견한 1869년에는 아직 네온을 포함해 희유 기체 원소 중 어느 것도 발견하지 못한 상태였습니다. 그후 영국의 화학자 윌리엄 램지가 희유 기체 중 헬륨과 아르곤을 발견해서 주기율표에 희유 기체 줄이 추가됐습니다.

하지만 헬륨과 아르곤 사이에 낀 두 번째 줄이 비어서 램지는 여기에 꼭 들어맞는 새로운 원소가 반드시 있을 것이라며 확신을 갖고 찾기 시작했습니다. 그 결과 가까스로 해당하는 원소를 발견했습니다. 그래서 감격한 나머지 '네온'이라는 이름을 붙였습니다.

꽃가루 알레르기와 아르곤

아르곤(Ar)은 그다지 친숙하지 않은 원소이지만, 실은 질소와 산소에 이어 대기 중에 세 번째로 많은 원소입니다. 최근 대기 속 이산화탄소가 늘어난 것이 지구온난화의 원인이라며 사회 문제가 됐는데, 아르곤은 그런 이산화탄소의 20배 이상이나 대기 중에 포함돼 있습니다. 물론 헬륨이나 네온보다는 훨씬 많은 양입니다.

꽃가루 알레르기가 생기면 코의 점막에
알레르기 반응이 일어나기 때문에
콧물이 나오거나 코가 막힙니다.
하지만 점막을 달구면
설령 알레르기 체질은 바뀌지 않더라도
콧물이나 코 막힘 현상은
일어나지 않습니다.
아르곤을 플라스마 상태로 만들어
코의 점막에 불어넣으면
단기간에 치료가 끝납니다.

평소에는 의식하지 않지만 우리의 생활 속에서 아르곤은 매우 친근합니다.

가정용 조명에도 최근에는 LED 전구가 늘어났지만 여전히 형광등과 백열전구가 많이 사용됩니다. 형광등 속에 봉입된 기체는 대부분이 아르곤 가스입니다. 그리고 백열전구의 대부분도 그 속에 아르곤 가스가 봉입돼 있습니다.

아르곤을 형광등에 사용하는 이유는 쉽게 방전을 일으키기 위해서입니다. 아르곤을 백열전구에 사용하는 이유는 고온이 돼서 빛을 발하는 필라멘트의 산화 증발을 막기 위해서입니다. 아르곤의 역할은 각각 다르지만 18족에 속하는 아르곤이 방전되거나 고온이 돼도 전혀 화학반응을 일으키지 않는 성질을 이용한다는 점에서는 공통됩니다.

아르곤은 공기 중에 비교적 많이 포함돼 있기 때문에 쉽게 채취할 수 있습니다. 그 때문에 비용이 싸고 널리 이용됩니다. 만약 헬륨처럼 천연가스에서 채취하는 방법밖에 없었다면 이렇게 손쉽게 사용될 수는 없었을 것입니다.

의사들에게 아르곤은 꽃가루 알레르기 치료에 사용하는 원소로 친숙합니다. 꽃가루 알레르기가 생기면 코의 점막에 알레르기 반응이 일어나기 때문에 콧물이 나오거나 코가 막힙니다. 하지만 점막을 달구면 설령 알레르기 체질은 바뀌지 않더라도 콧물이나 코 막힘 현상은 일어나지 않습니다.

이전에는 코의 점막을 달구는 데 레이저 광선을 사용할 수밖에 없었습니다. 하지만 레이저 빛은 물에 흡수되기 때문에 제대로 달구기 힘들었습니다. 이에 반해 아르곤을 플라스마 상태로 만들어 코의 점막에 불어넣으면 단기간에 치료가 끝납니다. 이런 사용 방법이 가능한 것도 아르곤이 거의 화학반응을 일으키지 않기 때문입니다.

플라스마란 기체를 구성하는 분자나 원자가 양이온과 전자로 분리된 것으로, 액체도 아니고 기체도 아니며 고체도 아닌 상태입니다. 사실 에너지만 받으면 어떤 원소든 플라스마가 되지만 점막의 다양한 성분과 화학반응을 일으키면 인체에 유해한 화합물이 몸에 만들어집니다. 그런데 18족의 원소라면 그럴 염려가 없어 플라스마 상태라도 환부에 댈 수가 있습니다. 아르곤은 그 중에서도 가장 값이 싸기 때문에 꽃가루 알레르기를 치료하는 데 사용됩니다.

크립톤과 제논

앞서 윌리엄 램지가 네온을 발견했다고 언급했는데, 이때 함께 발견된 것인 크립톤(Kr)과 제논(Xe, 크세논)입니다.

크립톤은 '숨겨진 것'이라는 의미의 그리스어 'Kryptos'에서, 제논은 '낯선 것'이라는 의미의 그리스어 'Xenos'에서 그 이름을 따왔습니다. 발견하는 데 얼마나 힘들었는지 그 이름에도 반영이

된 것 같습니다.

크립톤은 아르곤과 마찬가지로 백열전구에 이용됩니다. 열전도율이 낮은 크립톤을 사용하면 아르곤보다 필라멘트가 더 오래 지속됩니다. 다만 대기 중에 아르곤보다 훨씬 적은 양만 있는 만큼 가격이 비싸고 용도도 고급스러운 샹들리에 등으로 한정됩니다.

제논은 양이 더욱 적어서 가격도 훨씬 더 비싸고 특수한 용도로밖에 이용되지 않습니다. 소행성탐사기 하야부사가 고장 났어도 용케 지구에 소행성 이토카와의 샘플을 가지고 돌아왔을 때를 지금도 생생히 기억합니다. 그때 제논은 하야부사를 지구까지 데려다준 엔진의 추진제로 사용되었습니다.

진공의 우주 공간에서 이동하기 위해서는 무거운 것을 고속으로 뒤로 방출하고 그 반작용으로 앞으로 나가야 합니다. 고속으로 방출하려면 기체여야 하지만 무거운 원소는 보통 고체입니다.

상온에서 4주기 이후에 기체로 존재하는 것은 18족뿐입니다. 이것은 앞서 설명했던 대로 전자가 전자 궤도의 정원에 딱 맞게 차 있어서 다른 원소와 결합하기 힘들기 때문입니다.

이런 특수한 성질을 가진 18족 중에서 특히 무거운 제논이 탐사기 엔진추진제로 안성맞춤이었습니다. 참고로 다음에 설명할 라돈은 더 무거운 기체인데 방사성 물질이라서 엔진에는 절대 사용할 수 없습니다.

라돈과 온천

희유 기체 중에서도 가장 무거운 원소가 라돈(Rn)입니다. 라돈이라고 하면 라돈 온천이 당장 먼저 떠오를 것입니다. 아키타 현(秋田県)의 다마가와(玉川) 온천이나 돗토리 현(鳥取県)의 미사사(三朝) 온천, 그리고 전국시대의 무장이었던 다케다 신겐(武田信玄)이 남몰래 이용해서 알려진 야마나시 현(山梨県)의 마스토미(增富) 온천은 정말 인기가 높습니다. 다만 라돈이 함유된 온천에 몸을 담그는 것이 건강이 좋은지 나쁜지에 대해서는 과학적인 결론이 아직 나오지 않았습니다.

라돈은 상온에서 기체인 가장 무거운 원소로 통상 광물에 함유돼 있습니다. 그렇다고 해서 라돈이 고체가 된 것도 아니고, 다른 원소와 화학반응을 일으켜서 화합물이 된 것도 아닙니다.

광물 속에 소량의 라듐이 함유돼 있는데 이것이 붕괴해서 라돈이 발생합니다. 그러니 라돈은 암석 속에 찔끔찔끔 봉입된 것 같은 상태라 할 수 있습니다. 이것이 뜨거운 물에 녹아서 분출한 것이 라돈 온천입니다.

라듐은 2족의 알칼리 토금속에 속하는 원소로 칼슘과 마그네슘의 동료입니다. 다만 라듐은 방사성 물질로, 알파선을 방사해서 붕괴하면 라돈이 탄생됩니다.

라듐이 나온 시점에서 어쩐지 얘기가 혼란스럽다는 생각이 들었을지도 모르겠습니다. 그 심정을 충분히 이해할 수 있는 것이,

바로 라돈 자체도 방사성 물질입니다. 즉 라돈 온천이란 말 그대로 방사능 온천이란 얘기입니다.

이 얘기만 들으면 아무도 라돈 온천에 들어가고 싶다는 생각이 들지 않겠지요. 하지만 라돈 온천에 몸을 담그고 류머티즘 관절염이나 신경통이 개선됐다는 연구 보고가 있는 것도 사실입니다. 옛날부터 소량의 일시적인 방사선은 오히려 건강에 좋다는 학설이 있었는데 이것을 '방사선 호르미시스 효과'라고 부릅니다. 이 효과를 뒷받침하는 실험 결과도 논문으로 발표됐습니다.

그러나 다른 한편으로는 방사선 따윈 덜 쐴수록 좋다는 학설도 있습니다. 어느 쪽이 맞는지 학회에서 논쟁이 벌어지고 있지만, 저선량(底線量)의 방사선이 생체에 미치는 효과를 과학적으로 검증하기란 상당히 까다로워서 당분간은 결론이 나지 않을 것 같습니다.

다마가와 온천이나 미사사 온천은 극히 미량의 선량입니다. 많은 전문가들이 이 정도라면 방사선으로 건강을 해칠 일도 없거니와 방사선 때문에 건강이 증진되는 일도 없을 것이라고 추측합니다.

헬륨, 네온, 아르곤, 크립톤, 제논, 라돈은 희유 기체에 속하는 원소입니다. 결정적으로 모두 다른 원소와는 화학반응을 거의 일으키지 않는 성질을 갖고 있는데, 이것은 후지와라 미치나가가 노래로 읊은 보름달처럼 궤도가 전자로 모두 꽉 메워져 있기 때문에 일어나는 현상입니다.

목소리의 높낮이는 기체의 무게로 결정된다

희유 기체는 잠수용 봄베나 흡입마취제처럼 인간이 들이마시기 위한 기체로 이용됩니다. 왜 이런 용도로 사용되는지, 그 본질은 역시 주기율표를 통해서 효율적으로 이해할 수 있습니다.

헬륨가스는 파티 용품으로 판매가 되는데, 들이마신 후 말을 하면 높고 독특한 목소리가 나옵니다. 저 역시 파티에서 시험해 본 적이 있었는데 헬륨가스를 들이마시자마자 갑자기 톤 높은 목소리가 울려 퍼져 사람들이 웃어대는 바람에 분위기가 화기애애해졌습니다.

헬륨을 마셔서 목소리가 높아지는 것은 헬륨이 가벼운 기체이기 때문입니다.

목소리의 높이는 기체가 진동하는 주파수로 결정됩니다. 빨리 진동할수록, 즉 진동의 주파수가 높을수록 소리는 높아집니다. 똑같은 상태에서 성대에서 기체를 내뱉어도 내뿜는 기체가 가벼우면 그만큼 성대는 빨리 진동할 수 있으니 결과적으로 소리가 높아집니다.

반대로 공기보다 무거운 기체를 들이마시면 똑같은 이치로 목소리가 낮아집니다. 공기보다 무거운 크립톤이나 제논을 마시면 낮은 목소리가 나옵니다.

이렇게 순수하게 목소리의 높이는 기체의 무게에 좌우됩니다. 이것은 희유 기체에 한정된 현상이 아닙니다. 기체의 종류와 상관없이 가벼우면 높은 소리가 나고 무거우면 낮은 소리가 납니다. 파티에서 이상한 소리를 내는 데 헬륨가스가 사용되는 것은 단순히 안전성 문제 때문입니다.

제가 헬륨가스로 톤 높은 목소리를 낸 후 파티에 참가한 많은 이들로부터 받은 질문은 "헬륨을 마셔도 인체에는 해가 없나요?"였습니다.

만약 100% 순수한 헬륨이라면 한 모금만 들이마셔도 그 자리에서 바로 사망합니다. 그것은 헬륨에 독성이 있어서가 아니라 산소가 포함돼 있지 않아서 산소 결핍으로 사망하는 것입니다. 헬륨이 아니라도 산소가 함유되지 않은 기체를 들이마시면 기체의 성분과 상관없이 사망하고 맙니다.

물론 파티 용품인 헬륨에는 그런 일이 벌어지지 않도록 산소를 섞어둡니다. 반대로 말하면 산소만 있다면 헬륨가스는 아무런 해가 없습니다.

그 이유는 지금까지의 설명으로 이미 이해가 되셨으리라 봅니다. 희유 기체는 전자 궤도의 정원이 전자로 꽉 차 있어서 어떤 원소와도 반응을 일으키지 않습니다. 헬륨을 마셔도 폐로 들어왔다가 그저 날숨과 함께 나갈 뿐입니다.

제가 아는 한 공기 이외에 안전하게 마실 수 있는 기체는 희유 기체뿐입니다. 그 이외의 기체는 어떻게든 반응하기 때문에 함부로 들이마셔서는 안 됩니다.

예를 들어 암모니아는 공기보다 가벼워서 만약 들이마실 수 있다고 한다면 물리적으로는 톤 높은 목소리가 나올 것입니다. 하지만 암모니아는 강한 알칼리성이라서 목과 기관지가 짓물러지니 함부로 들이마셨다가는 목소리를 잃게 되겠죠.

수소나 메탄도 공기보다는 가볍고 들이마실 수는 있습니다. 다만 인화하면 폭발할 위험이 있으니 파티에서 사용하기는 곤란합니다.

직업 다이버를 도와주는 헬리옥스

헬륨이 가지는 성질을 질병을 예방하기 위해 실용화시킨 분야가 있습니다. 그것은 바로 잠수입니다.

다이버가 아주 깊은 바다로 잠수할 경우 통상의 공기를 마시면 질소에 중독되거나 감압증이라는 증상이 나타날 수 있습니다. 이것을 방지하기 위해 헬리옥스라고 하는, 헬륨과 산소의 혼합가스를 이용합니다.

저는 다이빙이 취미이고 직업 다이버 자격증도 갖고 있습니다. 학창 시절에는 호주 앞바다의 그레이트배리어리프와 온두라스, 카리브 바다 할 것 없이 전 세계의 바다에서 잠수했습니다.

다만 잠수한 최고 수심은 40미터까지입니다. 그 이상 깊이 들

헬륨이 가지는 성질을
질병을 예방하기 위해
실용화시킨 분야가 있습니다.
그것은 바로 잠수입니다.
다이버가 아주 깊은 바다로 잠수할
경우에는 통상의 공기를 마시면
질소에 중독되거나 감압증이라는
증상이 나타날 수 있습니다. 이것을
방지하기 위해 헬리옥스라고 하는,
헬륨과 산소의 혼합가스를 이용합니다.

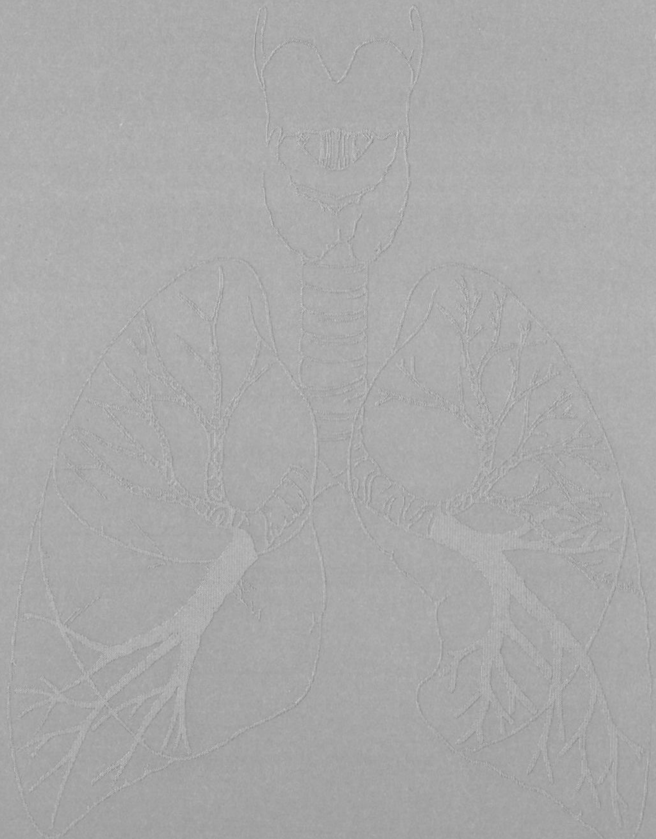

어가서 잠수한 적은 한 번도 없습니다. 왜냐하면 통상의 공기로 안전하게 들어갈 수 있는 한계가 50미터까지이지만, 제가 소속된 다이버 단체는 레저일 경우에 수심 40미터를 가이드라인으로 정하고 있기 때문입니다.

그렇긴 해도 항구나 다리 건설을 위해 해저 토목작업을 해야 하는 직업 다이버의 경우는 더 깊게 들어가야 하는 상황에 많이 맞닥뜨립니다. 그럴 때 이용하는 것이 헬리옥스입니다.

만약 통상의 공기를 마시면서 깊게 잠수하면 어떤 문제가 생길까요?

공기는 질소와 산소를 4대 1로 혼합한 기체인데, 선두에서 나쁜 짓을 하는 것은 질소입니다. 질소 기체는 질소 원자 두 개가 결합된 분자로 화학적으로는 매우 안정돼 있고 물에 거의 녹지 않습니다. 때문에 지상의 1기압 상태에서 공기를 마시는 경우에는 폐로 들이마셔도 대량의 질소가 혈액에 녹는 일은 없습니다. 즉 질소는 호흡 운동을 통해 폐로 드나들기만 할 뿐 실질적으로는 단순히 산소를 5분의 1로 묽게 만들기만 하는 존재입니다.

그런데 바다 속으로 깊게 들어갈수록 수압이 높아지기 때문에 육상에서 혈액에 녹지 않았던 질소도 서서히 혈액에 녹아들어가게 됩니다. 그렇게 되면 질소가 흡입마취제와 똑같은 작용을 해서 신경의 정보 전달을 방해해 '질소 중독'이라는 현상을 일으킵니다.

다이버들 사이에서는 15미터 깊게 잠수할 때마다 마티니 1잔 정도의 마취 효과가 나타난다고 합니다. 실제로 제가 40미터까지 잠수했을 때는 완전히 질소에 취해서 아무 이유 없이 웃음이 터져 나오는 바람에 강사가 서둘러 잠수를 중지했습니다.

참고로 10미터나 20미터 정도의 깊지 않은 잠수라도 어느 정도의 질소 중독은 일어납니다. 바다에 잠수하면 무중력이 되는 감각, 앞뒤 좌우뿐만 아니라 아래위로도 움직일 수 있을 것 같은 개방감, 게다가 뭐니 뭐니 해도 열대어 같은 바닷속 생물의 아름다움에 빠져들게 됩니다. 그런데 사실 이런 감동 중 일부는 질소 중독이 만들어내는 단순한 환각일지도 모릅니다.

이런 질소 중독도 헬륨을 혼합한 헬리옥스를 사용하면 예방할 수 있습니다. 헬륨은 압력이 높아져도 거의 물에 용해되지 않기 때문입니다. 물에 용해되지 않으면 폐로 들이마셔도 혈액에 녹아드는 일은 없습니다. 헬륨은 그대로 날숨과 함께 배출될 뿐입니다. 따라서 마취 작용은 나타나지 않습니다.

헬륨은 아름다운 공 모양

그럼 대체 왜 헬륨은 물에 녹지 않을까요? 그 이유를 아는 것은 주기율표를 해독하는 것과 관련이 있기에 중요합니다.

물은 H_2O입니다. 비교적 커다란 산소 원자는 전자를 강하게 끌어당기므로 마이너스이고 매우 작은 수소 원자는 전자를 끌어당기는 힘이 약해서 플러스입니다. 그래서 소금(염화나트륨)이 양이온인 나트륨 이온과 음이온인 염소 이온으로 나눠지는 것처럼, 물의 산소 원자나 수소 원자가 전기적으로 서로 끌어당기기 때문에 매우 잘 녹습니다.

질소는 평소에는 전기를 띠지 않아서 물에 녹기 힘들지만 높은 압력이 가해지면 전자 궤도가 일그러져 극히 소량이나마 플러스인 부분과 마이너스인 부분이 생깁니다. 이 점을 이용해서 녹입니다.

그런데 헬륨은 전후, 좌우, 상하 모두 대칭적인 완전한 공 모양입니다. 게다가 궤도는 전자로 정원을 다 채운 상태여서 완벽한 안정성을 자랑합니다. 그렇기에 강한 압력이 가해져도 플러스인 부분과 마이너스인 부분으로 나눠지지 않고, 따라서 거의 물에 녹지 않습니다.

이번 장을 꼼꼼하게 읽은 분이라면 여기서 어떤 의문을 품을 수도 있습니다. 질소 대신에 값비싼 헬륨을 섞지 말고 값싼 아르곤을 이용하는 것이 어떠냐고 말이죠.

실제로 헬리옥스는 굉장히 비쌉니다. 저를 지도해준 다이버 강사는 간사이공항 해저 공사에 참가한 잠수의 베테랑인데, 간사이공항 공사 때 사용한 봄베는 헬리옥스를 충전하는 데 10만 엔 정도 들었다는 이야기를 해줬습니다. 이렇게 비싸면 레저 다이버는 도저히 엄두를 낼 수가 없습니다. 만약 아르곤으로 대체할 수 있다면 가격은 큰 폭으로 내려가겠지만 유감스럽게도 그렇게는 안 됩니다.

당연한 얘기이지만 주기율표의 아래로 갈수록 원자는 커집니다. 그렇게 되면 아무리 희유 기체가 완전히 대칭적인 공 모양이라고 해도 가장 바깥쪽 궤도는 원자핵과 상당히 멀어지게 됩니다. 그 결과 궤도가 일그러지기 쉬워져 높은 압력이 가해지면 공 모양을 유지하지 못해 소량이라면 물에 녹아버립니다.

계산상으로는 헬륨의 바로 아래인 네온까지는 질소보다 물에 대한 용해도가 낮은데 아르곤은 이미 용해도가 질소를 웃돕니다. 다시 말해 질소 중독 예방을 위해서는 전혀 사용할 수 없다는 얘기입니다.

제논은 이상적인 마취제

이런 경향은 크립톤, 제논처럼 주기율표의 아래쪽으로 갈수록 강해집니다. 제논은 마취 작용의 예방이 아니라, 오히려 시험적이긴 하지만 병원에서 마취제로 사용됩니다.

제논은 물에 녹기는 하지만 희유 기체라서 화학반응까지 일으키지는 않습니다. 그러니 부작용이 거의 없는 이상적인 마취제라고도 불립니다. 하지만 행성탐사 위성에서만 사용할 정도로 굉장히 비싸기 때문에 임상 현장에서 쉽게 사용할 수는 없습니다. 만약 싼값에 입수할 수만 있다면 제논이 대표적인 마취제가 됐을 것입니다.

이처럼 질소 중독을 예방하기 위한 기체는 다음의 두 가지 조건을 충족할 필요가 있습니다.

조건 1. 전자 궤도의 정원이 전자로 꽉 들어차 있을 것, 즉 주기율표의 가장 오른쪽에 있는 원소

조건 2. 가장 작은 원소, 즉 주기율표의 가장 상단에 있는 원소

주기율표와 대조해보면 이것이 헬륨이라는 것을 단번에 알 수 있습니다. 희유 기체는 주기율표의 위치에서 추정할 수 있는 그대로의 성질을 정말로 현실에도 보여줍니다. 이거야말로 희유 기체가 지닌 매력의 정수라고 느껴집니다.

5장에서, 가로 한 줄로 성질이 흡사한 희토류는 전이원소 중의 전이원소라고 말씀드렸습니다. 이에 반해 전형원소 중에서도 세로 한 줄이 가장 닮은 희유 기체는 전형원소 중의 전형원소라고 말할 수 있습니다. 더불어 주기율표의 진면목을 느끼게 해줄 원소들이라서 좀 더 자세히 설명했습니다.

7장

독성을 지닌 원소들

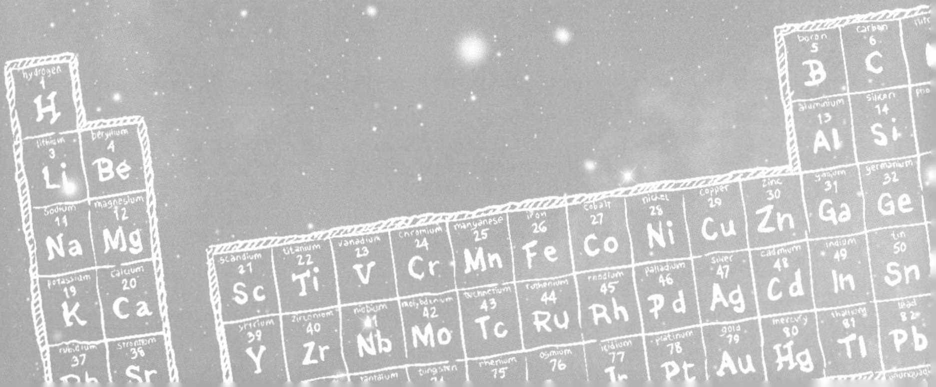
H
Li
Be
Na
Mg
K
Ca
B
C
Al
Si
Sc
Ti
V
Cr
Mn
Fe
Co
Ni
Cu
Zn
Ga
Ge
Y
Zr
Nb
Mo
Tc
Ru
Rh
Pd
Ag
Cd
In
Sn
Au
Hg
Tl
Pb

아연, 카드뮴, 수은

원소는 원자로 같은 곳에서 인공적으로 만들어지는 경우를 제외하면 자연적으로는 90여 종류가 존재합니다. 그중에는 건강을 위해 섭취하는 것이 바람직한 원소와 독성 때문에 절대로 섭취해서는 안 되는 원소가 있습니다.

의학을 공부하면서 저는 먼저 원소에 대한 건강 정보를 암기했습니다. 그후 주기율표를 다시 한 번 살펴봤더니 눈에서 뿌연 안개가 걷히는 느낌을 받았습니다. 주기율표는 원소의 특징이나 반응뿐만 아니라 건강과 의학 지식도 해명할 수 있다는 사실을 알았기 때문입니다.

주기율표를 보면 적어도 다음 두 가지 법칙이 순간적으로 보일 것입니다.

① 주기율표에서 인체가 자주 사용하는 원소의 바로 아래에 있는 원소는 독성이 있는 경우가 많다.
② 전이원소는 가로 방향으로 원소의 성질이 거의 같다. 건강에 유익한지 유해한지에 관해서도 예외가 아니다.

주기율표에서 '인체가 자주 사용하는 원소의 바로 아래에 있는 원소는 독성이 있는 경우가 많다'는 패턴을 가장 전형적으로 보여주는 것이 12족의 아연, 카드뮴, 수은입니다.

아연은 우주에도 비교적 많이 존재하기 때문에 인체 역시 적극적으로 이용합니다. 한편 카드뮴이나 수은은 우주에서 탄생한 양이 비교적 적어서 인간이 문명의 힘을 빌려 광물을 캐내기 전까지는 인체와 접할 기회가 거의 없었습니다. 이 때문에 아연은 건강을 위해 적극적으로 섭취해야 할 원소가 된 것에 반해 카드뮴과 수은은 인체에 독이 돼버리고 말았습니다.

카드뮴과 수은은 주기율표에서는 아연의 바로 아래에 위치합니다. 그래서 가장 바깥쪽 궤도가 정말 많이 닮았습니다. 즉 이 세 개의 원소는 화학적인 성질도 많이 닮았습니다.

이것은 건강을 생각한다면 매우 심각한 일입니다. 설령 인체에 해를 끼치는 원소일지라도 인체를 그대로 통과해서 배출되면 해가 되지는 않습니다. 그러나 인체에 흡수되면 독성을 발휘합니다.

카드뮴과 수은은 화학적인 성질이 아연과 닮았기 때문에 아연을 흡수하는 경로를 따라서 인체에 흡수되고 맙니다. 인체는 아연을 필요로 합니다. 그러니 건강에 좋을 거라고 생각해서 아연을 흡수하는 장치를 마련했겠죠. 하지만 그것 때문에 예상과는 다르게 카드뮴과 수은까지도 흡수해버리는 상황이 벌어집니다.

다만 아연, 카드뮴, 수은이 주기율표에서 세로로 일렬로 나란한 것은 인체의 건강을 생각할 때 반드시 나쁘다고는 말할 수 없습니다. 오히려 이 점을 잘 이용하면 건강을 잘 지킬 수가 있습니다.

우선은 아연, 카드뮴, 수은이 각각 어떤 원소인지 간단하게 설명해드리겠습니다.

아연(Zn)

우리 인간에게 아연은 꼭 필요한 원소입니다. 모든 생물은 효소의 작용으로 목숨을 이어가는데, 인체의 경우 무려 100종류가 넘는 효소가 아연에 의해 활성화됩니다. 따라서 아연이 부족하면 효소가 충분히 그 기능을 발휘할 수 없게 되며 각종 병들이 나타납니다.

아연 부족으로 미각 장애가 발생해 맛을 느끼기 힘들다는 말을 들으신 적이 있을 겁니다. 혀에는 맛을 알아내는 미뢰(味蕾)라는 조직이 있는데 미뢰를 건강하게 유지하려면 아연의 힘으로 활동하는 효소가 필요합니다.

중장년 남성에게는 아연이 남성 기능을 높이는 데 도움을 주는 성분이라는 이미지도 강한 것 같습니다. 실제로 타블로이드판 월간지의 광고란에는 '밤의 기능을 부활하자! 아연의 파워'라는 광고 문구가 휘날리기도 합니다. 아연에 강장제 같은 효과가 있는 것은 아니지만, 아연이 부족하면 정자가 형성되기 힘든 건 사실입니다.

정자는 그 근원이 되는 정모세포가 맹렬한 기세로 세포 분열을 해서 만들어집니다. 이 세포 분열에는 아연에 의해 활성화된 효소가 필요합니다. 그래서 아연이 부족하면 정자의 형성에도 장애가 생깁니다.

적혈구도 활발한 세포 분열을 통해 계속해서 만들어집니다. 이 때문에 아연이 부족하면 적혈구가 적어져서 빈혈이 일어납니다. 그리고 똑같은 이유로 백혈구도 적어지기 때문에 아연의 부족은 면역력의 저하로도 이어집니다. 무월경, 피부염, 갑상선기능 저하도 아연이 부족하면 발생합니다.

카드뮴(Cd)

카드뮴 하면 가장 먼저 떠오르는 것은 일본의 4대 공해병 중 하나인 이타이이타이병일 겁니다. 제2차 세계대전 전부터 전후의 고도 성장기에 걸쳐서 도야마 현 진즈 강 유역에 수많은 환자가 발생했습니다.

이타이이타이병의 원인은 진즈 강 상류에 있던 가미오카(神岡) 광산에서 흘러나온 카드뮴을 포함한 폐수입니다. 이로 인해 하류에서 재배하던 벼에 카드뮴이 축적됐고, 여기서 재배된 쌀을 먹은 주민이 이타이이타이병에 걸렸습니다.

이타이이타이병에 걸리면 전신의 뼈에서 칼슘이 빠져나가 텅 비게 되고 온몸에 골절이 발생합니다. 심하면 재채기나 기침만 해도 골절이 됩니다. 때문에 이름 그대로 전신에 격심한 통증이

이타이이타이병의 원인은 진즈 강 상류에 있던 가미오카(神岡) 광산에서 카드뮴을 포함한 폐수가 흘러나왔기 때문입니다. 이로 인해 하류에서 재배하던 벼에 카드뮴이 축적됐고, 여기서 재배된 쌀을 먹은 주민이 이타이이타이병에 걸렸습니다.
이타이이타이병에 걸리면 전신의 뼈에서 칼슘이 빠져나가 텅 비게 되고 온몸에 골절이 발생합니다.

일어납니다.

그렇다면 이타이이타이병의 원인을 만든 가미오카 광산에서는 어떤 원소를 채굴했던 것일까요? '그야 당연히 카드뮴이잖아?'라고 생각하시는 분들이 많으시겠죠. 사실 저 역시 대학교에서 배우기 전까지는 그렇게 착각했습니다.

사실은 가미오카 광산에서 채굴한 것은 카드뮴이 아니라 아연이었습니다.

기마오카 광산에서 채굴된 아연 광석에는 1%의 카드뮴이 불순물로서 함유돼 있었습니다. 이것이 진즈 강으로 흘러나왔습니다.

지금까지 두세 차례 정도 설명을 드렸지만 아연과 카드뮴은 같은 12족의 원소이니 지구 상에서나 우주 공간에서 같은 장소에 존재하는 경우가 많습니다.

원래 카드뮴도 아연에 불순물로 포함돼 있던 계기로 발견됐습니다. 1817년 독일의 프리드리히 슈트로마이어가 하노버공국의 약국 총감독관을 역임했을 때 산화아연을 포함한 약에 불순물이 포함된 건 아닌지 조사하는 와중에 카드뮴이라는 새로운 원소를 우연히 발견했습니다.

우주에 존재하는 카드뮴의 양은 아연의 100분의 1보다 약간 적은 정도입니다. 그러므로 가미오카 광산의 아연 광석에 카드뮴이 1% 함유돼 있다는 사실은 원소의 성질을 생각하면 지극히 당연한 일입니다.

수은(Hg)

카드뮴이 이타이이타이병을 불러왔다면 수은은 미나마타병을 일으켰습니다. 정확하게 말하면 구마모토 현(熊本県)의 미나마타(水俣) 만 주변에서 발생한 것이 미나마타병, 니가타(新潟)의 아가노(阿賀野) 강 유역에서 발생한 것이 제2미나마타병입니다. 둘 다 화학물질을 다루는 공장에서 촉매제로 사용한 수은이 환경에 누출돼서 일어났습니다. 결국 4대 공해병 중 욧카이치(四日市) 천식을 제외하고 이타이이타이병, 미나마타병, 제2미나마타병은 모두 12족의 원소가 원인입니다.

수은에 메틸기가 결합해서 메틸수은이라는 화합물이 되면 기름에 녹는 성질로 변하고 인체에 쉽게 흡수됩니다. 나아가 메틸수은은 시스틴이라는 아미노산과 복합체를 만들어 뇌로 점점 파고듭니다. 그 결과 중추신경이 침투당해 감각기에 이상을 불러일으키고, 몸을 움직일 수 없고, 시야가 좁아지고, 말이 어눌해지고, 손발이 떨리는 심각한 증상이 나타납니다.

시스틴과 결합한다는 점은 아연과 카드뮴에도 공통적으로 보이는 특징입니다. 사실 건강을 지켜주는 아연의 일련의 작용 중에서 중요한 열쇠를 쥐고 있는 것이 시스틴과 결합하는 일입니다. 즉 아연은 12족의 원소이기 때문에 시스틴과 결합해서 건강을 유지하는 역할을 맡습니다. 동시에 수은은 12족의 원소라는 이유로 시스틴과 결합해서 건강을 해칩니다. 정말 얄궂은 얘기가 아닐 수 없습니다.

옛날에는 수은에 대한 관리가 허술했기에 다양한 분야에서 건강과 관련된 피해가 발생했습니다. 특히 피해를 입은 사람들이 화학반응을 이용해서 금을 만들려고 했던 당시의 연금술사입니다.

2장에서도 설명했지만 금은 원소라서 초신성 폭발이 아니라면 새롭게 만들어낼 수는 없습니다. 하지만 옛날에는 화학반응에 의해 다른 금속에서 금을 만들어낼 수 있다고 믿었습니다. 수은은 그중 유력후보인 원소였기에 실험이 활발하게 이뤄졌습니다. 그러는 사이에 연금술사들의 몸속에 수은이 침입하고 말았습니다.

체내에 들어간 양은 미나마타병의 케이스와 비교하면 훨씬 적었다고는 하지만 설령 소량이라도 장기간에 걸쳐서 수은이 체내에 들어오면 중추신경에 악영향을 끼칩니다. 그 결과 신경에 이상을 초래한 연금술사들이 끊임없이 생겨났습니다.

서양에서 제작된 애니메이션이나 영화에서는, 상식적으로는 도무지 생각할 수 없는 행동에 돌진하는 과학자들이 자주 등장합니다. 영어로는 'mad scientist(미친 과학자)'라는 단어도 있습니다. 이것은 모두 수은 중독에 빠진 연금술사를 모델로 삼은 것이라고 합니다.

당시에는 수은이 중추신경을 침투한다는 사실이 알려지지 않았기에 화학 실험 자체가 원인이라는 인상이 퍼졌습니다. 물론 현재의 화학 연구실은 철저히 관리하기에 수은이 체내로 들어오는 일은 없습니다.

황과 사이가 좋은지가 관건이다

12족의 아연, 카드뮴, 수은에 공통된 특징 중에 결정적으로 중요한 것은 황과 결합하기 쉽다는 점입니다.

사실 아연이 우리의 건강을 지켜주는 것과 카드뮴이나 수은이 우리의 건강을 파괴하는 것은 궁극적으로는 황과 결합하는 성질에서 비롯했습니다. 적어도 인체의 입장에서 봤을 때, 12족의 원소는 황과의 결합으로 시작해서 황과의 결합으로 끝난다고 말할 수 있습니다.

황은 체내에서 일곱 번째로 많은 원소로, 원자의 수로 말하면 인체 전체의 0.04%가 황입니다. 앞서 메틸수은은 시스틴과 결합하기 때문에 인체에 해를 끼친다고 말씀드렸는데 이것도 시스틴이 황을 함유하기 때문에 일어나는 일입니다.

아미노산 중에서 메티오닌이나 시스틴에는 황이 함유돼 있어서 함황 아미노산이라고 불립니다. 함황(含黃)은 황을 함유하고 있다는 의미입니다.

사실 인체에서 활동하는 수많은 효소들은 메티오닌이나 시스틴을 함유하고 있습니다. 아연은 황과 결합하는 능력을 이용해서 효소의 기능을 촉진하는 작용을 합니다.

그런데 카드뮴이나 수은 역시 효소가 가진 메티오닌이나 시스틴과 결합해버려서 효소의 기능을 이상하게 만듭니다. 많은 경우 이렇게 해서 카드뮴이나 수은이 독성을 발휘합니다.

황과 제대로 결합하는 아연이 건강의 아군이고, 황과 실수로 결합하는 카드뮴이나 수은은 건강의 적이라고 할 수 있습니다.

수은에 노출되는 인체

문명을 가진 인류가 지하에 잠들어 있던 카드뮴과 수은을 캐냈기 때문에 미량이긴 하지만 이런 금속 원소가 매일 입을 통해 체내로 들어옵니다.

특히 수은은 자외선을 빛으로 바꾸기 위해 형광등 안쪽에 칠해진데다, 예전에는 체온계나 치과에서 충치를 때우는 물질로 폭넓게 이용됐기 때문에 환경 속에 상당한 양이 누출돼버렸습니다.

하이델베르크대학교의 윌리엄 쇼티크 박사는 캐나다와 그린랜드의 인적 드문 이탄지(泥炭地)의 지층에 포함된 수은의 양을 조사했습니다. 이 조사를 통해 과거 1만 4000년 간에 걸쳐서 환경 중에 얼마만큼의 수은이 있었는지를 추계했습니다.

그 결과 수은은 16세기부터 서서히 늘어나기 시작해서 공업화가 진행된 18세기부터 갑자기 급증했으며, 1950년대 중반에는 환경 중의 수은의 양이 이전의 100배나 됐다는 사실을 알아냈습니다. 환경 의식이 고양된 이후에는 감소하기 시작했지만 현재에도 우리는 이전의 10배 정도의 수은에 노출돼 있습니다.

자연계로 눈을 돌리면 메틸수은은 식물 연쇄 중에 농축되기 때문에 식물연쇄 피라미드의 상위에 있는 동물일수록 메틸수은의 함유량이 많아지는 경향을 보입니다. 조사 결과, 일본인이 좋아하는 참치나 가다랑어, 금눈돔 등에는 유감스럽게도 일정량이 함유돼 있다는 사실이 밝혀졌습니다.

이 조사로 인해 후생노동성은 생선의 종류별로 임산부가 1주일 동안 먹어도 괜찮은 양과 횟수 기준을 발표했습니다. 물론 어른이라면 이런 생선을 지나치게 먹었다고 해서 미나마타병 같은 심각한 증상이 나타나지는 않을 것입니다. 다만 태아의 경우 한창 중추신경이 발달하는 과정에 있으니 만에 하나를 생각해서 이런 기준을 설정해놓았습니다.

그렇다면 일상생활 속에서 인체에 들어오는 수은이나 카드뮴이 정말 건강에 아무런 피해를 주지 않는다고 단언할 수 있느냐 하면, 사실 정말 어려운 문제입니다. 이론상으로는 중금속은 미량이라도 체내에 들어오지 않는 것이 제일 좋습니다.

실제로 미량의 중금속이 체내에 들어왔을 때 어떤 결과가 나오는지를 과학적으로 밝혀내기란 지극히 어렵습니다. 현재로서는 "지금 당장 건강에 피해를 주지는 않을 것 같습니다."라고 밖에 드릴 말씀이 없습니다. 이것은 원전 사고 때 정부와 도쿄전력으로부터 귀가 닳도록 들은 말이겠군요.

방사선의 경우 대량으로 쬐면 늦어도 2개월에서 3개월 이내에 백혈구가 감소해서 면역력이 저하되고 혈소판이 감소해서 출혈이 멈추지 않기도 합니다. 이것이 바로 급성방사선 장애입니다. 이에 대해서는 과학적인 데이터가 있어서 어느 정도의 피폭으로 발생하는지를 알 수 있으니, 그것보다 피폭량이 적으면 "지금 당장 건강에 피해를 주지는 않을 것 같습니다."라고 말을 할 수 있습니다.

한편 급성방사선 장애를 일으키지 않을 정도의 낮은 선량이라도 유전자에 상처가 나서 암이 증가할 가능성은 있습니다. 암은 피폭한 지 2년 이상이 경과한 후 나타나기에 만성방사선 장애라고 합니다.

이에 대해서도 일정량 이상의 선량에 대해서는 과학적인 데이터가 있습니다. 그러나 극히 미량이 인체에 미치는 영향을 연구로 밝히기는 어렵습니다. 의사들이 사용하는 방사선의학 교과서에는 가로축에 피폭량, 세로축에 발암의 증가를 나타낸 그림이 게재돼 있는데 피폭량이 적은 지역은 실선이 아닌 점선으로 나타냅니다. 왜 점선이냐 하면 실험에 의한 데이터가 아니라 추측으로 선을 그었기 때문입니다.

"지금 당장 건강에 피해를 주지는 않을 것 같습니다."라는 무책임한 표현은 이런 사정에서 나온 고육지책일 뿐입니다.

이야기가 약간 옆길로 샜지만 원전 사고 때와 똑같은 얘기를 수은과 카드뮴에서도 말할 수 있습니다. 실제로 평소대로 생활을 하면서 자연스럽게 체내에 들어오는 중금속은 전혀 걱정할 필요는 없다고 주장하는 연구자가 있는가 하면, 적은 양이라도 중추신경에 영향을 미친다고 주장하는 연구자도 있습니다. 예를 들어 미량의 수은이라도 졸음이 오거나 신경질적으로 변하는 증상을 일으킬 수 있다는 겁니다.

디톡스 요법의 빛과 그림자

몸속에 있는 미량의 수은과 카드뮴을 몸 밖으로 배출하는 건 불가능하지 않습니다. 일반적으로 말하는 '디톡스 요법'인데, 이것은 다음과 같은 순서로 중금속을 몸 밖으로 배출합니다.

우선 수은이나 카드뮴과 결합하는 성질을 가진 '킬레이트'라는 약을 링거를 통해 몸속에 집어넣습니다. 킬레이트는 '게의 집게발'이라는 뜻을 지닙니다. 화학 구조식으로 적으면 이름처럼 게가 집게발로 집는 형태로 수은이나 카드뮴과 결합합니다. 킬레이트는 신장에서 걸러지는데 수은이나 카드뮴과 결합돼서 소변과 함께 몸 밖으로 배출됩니다.

다만 인체에 꼭 필요한 아연도 덩달아 킬레이트에 달라붙어서 잃게 됩니다. 그래서 그 분량은 링거로 보충해줘야 합니다.

디톡스라는 말이 유행처럼 번져 최근에는 이 단어가 암반욕이나 저마늄 온욕까지 포함하는 상당히 애매모호한 단어가 돼버렸습니다. 하지만 의료 세계에서 사용되는 디톡스 요법이란 구체적으로 말하면 지금 말씀드린 과정을 가리킵니다.

킬레이트를 이용한 디톡스는 자연의 섭리와는 상당히 거리가 멉니다. 그리고 말씀드린 것 외에도 킬레이트에 의해 잃게 되는 미지의 성분이 또 있을지도 모릅니다. 이것은 의사도 알지 못하니 보충할 방법이 없습니다.

직업의 특수성 때문에 몸속에 수은이나 카드뮴이 대량으로 축적된 경우에는 이런 치료를 할 필요가 있습니다. 다만 일상생활에서 섭취하는 정도로는 그 폐해가 확실하지 않아서 오히려 디톡스 요법이 야기하는 부작용이 클 수 있다고 봅니다.

현재로서는 이런 상황이니 반드시 수은과 카드뮴에 대비하겠다며 높은 수준의 경계 태세를 취하는 것은 지나친 반응일 수 있습니다. 제 생각으로는 만일을 위해서 대비한다는 정도의 주의 수준이 타당하다고 봅니다.

그럼 만일을 대비하려면 구체적으로 어떻게 해야 좋을까요? 여기서 주목해야 하는 것이 주기율표입니다.

수은과 카드뮴은 주기율표에서 봤을 때 아연의 바로 아래에 있어서 건강에 피해를 준다는 점은 이미 설명을 해드렸습니다. 하지만 그와 동시에 아연은 주기율표의 바로 아래에 있는 수은과 카드뮴이 건강에 미치는 피해를 막아주는 역할도 합니다.

수은이나 카드뮴이 몸속에 들어오는 건 아연을 받아들이는 장치에 섞여 들어오기 때문입니다. 그렇기 때문에 몸속에 아연이 부족해서 빈자리가 생기면 수은이나 카드뮴을 받아들이기가 쉬워집니다. 한편 아연을 풍부하게 섭취하면 수은이나 카드뮴은 자리 쟁탈전에서 패배해서 흡수되기 힘들어집니다. 특히 카드뮴은 주기율표에서 아연의 바로 아래에 위치해서 이런 경향이 한층 더 두드러집니다.

물론 아연이 건강에 필수적이긴 하지만 무턱대고 과잉 섭취하면 좋은 콜레스테롤이라고 불리는 HDL콜레스테롤이 줄어드는 등 건강에 좋지 않은 영향도 줍니다. 하지만 현실적으로는 가공식품을 많이 먹는 현대인 중에는 아연이 부족한 사람이 압도적으로 많습니다. 평범한 식생활을 하는데 아연을 과잉섭취해서 건강에 피해가 발생했다는 이야기는 들은 적이 없습니다. 아연이 함유된 식재료를 먹는 것은 수은이나 카드뮴의 대책이 될 뿐만 아니라 아연 부족을 막는다는 의미도 있으니 적극적으로 섭취해야 합니다.

아연은 굴, 소고기, 장어, 땅콩에 풍부하게 함유돼 있습니다. 평소에 적극적으로 섭취할 수 있도록 신경 써야 합니다.

독이 되는 기타 전형원소

12족의 원소로 수은 아래에 있는 것은 코페르니슘(Cn)이라는 원소입니다. 이것은 아연 등을 원료로 해서 인공적으로 만든 원소인데, 화학 성질이 수은과 매우 닮았을 것이라고 추측이 되지만 확실한 것은 잘 모릅니다. 자연에는 존재하지 않아서 우리의 입 안에 들어올 일은 없겠지만 만약 체내에 들어온다면 역시 수은과 비슷한 피해를 초래할 것이라 추측됩니다.

지금까지 12족의 아연, 카드뮴, 수은에 대해 설명해보았습니다. 자주 사용하는 원소의 바로 아래에 있는 원소는 독성이 있다는 법칙은 그 밖의 전형원소에도 잘 들어맞습니다. 이것을 1족부터 순서대로 설명을 하겠습니다.

루비듐 시계는 10만 년 동안 틀리지 않았다

1족

3주기의 나트륨과 4주기의 칼륨은 이미 설명했습니다.

1족의 5주기 원소는 루비듐(Rb)입니다.

저는 대학원을 졸업한 후 의학부에 학사 입학을 하기까지 5년간 NHK에서 아나운서로 일했는데 그 당시에 매일 루비듐의 신세를 졌습니다.

아나운서가 가장 긴장하는 시간은 시보 직전입니다.

시보는 강제적으로 흘러나오니 그때까지 원고를 다 읽지 못하면 음성이 툭하고 끊어집니다. 이 음성이 끊어지는 시각을 업계 용어로 아나시리(ア十尻)라고 하는데, 말의 끄트머리가 잘린다는 뜻입니다.

이 사태를 방지하기 위해 신인 아나운서를 괴롭히는 NHK의 시보에 루비듐을 이용한 원자시계가 사용됩니다. 원자시계는 원자나 분자를 이용해서 정확한 시간을 재는 시계를 말합니다.

보통의 루비듐 시계는 1년에 0.1초밖에 틀리지 않습니다. 이것도 굉장하지만, NHK에서 사용되는 고성능 시계는 10만 년에 1초밖에 틀리지 않는 것입니다. 민영방송사에서는 이것보다 훨씬 정밀도가 떨어지는 수정발진식(水晶發振式) 시계를 사용한다고 들었습니다. 이 문제만 나오면 고성능 설비를 갖춰야 할지, 수신료 인하를 실현해야 할지로 논의가 나눠집니다.

루비듐은 의료계에서도 사용됩니다. 가장 바깥쪽 궤도에 한 개의 전자만 도는 루비듐은 체내에 들어오면 세슘 이상으로 칼륨과 흡사한 움직임을 보입니다. 이 성질을 이용해서 PET(양전자방사단층촬영) 검사에 사용되며, 특히 심근경색의 진단에서 위력을 발휘합니다.

건강한 심장이라면 칼륨은 혈액과 함께 심장의 근육까지 운반돼 세포 속으로 들어갑니다. 그런데 심근경색이 발생해 근육이 괴사해버리면 설령 혈액의 흐름이 회복돼도 칼륨은 세포에 들어가지 못합니다. 루비듐도 체내에 들어오면 칼륨과 똑같은 움직임을 보이니 PET로 루비듐의 움직임을 관찰하면 근육이 활동하는지를 알 수 있어, 심근경색의 증상을 정확하게 진단할 수 있습니다.

NHK의 루비듐 시계는
10만 년에 1초의 오차가 생기지만
세슘 시계는 놀랍게도
140만 년에 1초의 오차밖에
발생하지 않습니다.
인류의 과학기술의 진보가 도달한,
가장 정밀도가 높은 시계라고
말할 수 있습니다.

의료에서도 이용되니 미량이라면 문제가 없지만 루비듐을 대량으로 섭취하면 칼륨의 대사가 이상을 일으키기 때문에 심각한 독성이 나타납니다. 역시 주기율표에서 인체가 자주 사용하는 원소의 바로 아래에 있는 원소는 독성을 갖고 있다는 법칙이 여기에도 딱 맞아떨어집니다.

세슘과 표준시계

1족의 6주기 원소는 세슘입니다. 원전 사고 이후 세슘은 방사능을 가진, 인류에 악을 끼치는 원소라는 이미지가 완전히 정착되고 말았습니다. 하지만 이것은 세슘에게 무척이나 실례되는 얘기입니다.

실제로 저는 원전 사고가 일어나기 전까지 세슘을 첨단 기술을 뒷받침해주는 멋진 원소라는 인상을 갖고 있었습니다. 왜냐하면 세계의 표준 시간은 세슘을 이용한 원자시계를 기준으로 정해지기 때문입니다.

NHK의 루비듐 시계는 10만 년에 1초의 오차가 생기지만 세슘 시계는 놀랍게도 140만 년에 1초의 오차밖에 발생하지 않습니다. 너무나 고가라서 NHK도 구입하지 못했지만 인류의 과학기술의 진보가 도달한, 가장 정밀도가 높은 시계라고 말할 수 있습니다. 휴대전화나 인터넷 통신이 막힘없이 잘 터지려면 정확한 시계 관리는 꼭 필요한데 이것을 뒷받침해주는 것이 바로 세슘입니다.

루비듐에 이어서 세슘이 원자시계에 사용된 것도 물론 우연이 아닙니다. 둘 다 1족의 원소이므로 가장 바깥쪽 궤도에 전자가 하나만 존재합니다. 원자시계는 이 점을 이용해서 만들어졌습니다.

말할 것도 없이 원자시계에 사용되는 것은 안정된 세슘133이라는 동위원소입니다. 원자핵은 양성자가 55개, 중성자가 78개로 구성돼 있으며, 양쪽을 더하면 원자량은 133이 됩니다. 한편 방사능을 가진 세슘137은 양성자수가 55개, 중성자가 82개로 세슘133보다 중성자수가 네 개가 많습니다. 그렇기 때문에 원자핵이 불안정해지고 방사선을 내보내 붕괴됩니다. 물론 세슘137이 원자시계에 사용되는 일은 없습니다.

다만 골칫거리인 세슘137도 의료계에서는 전부터 널리 이용됐습니다. 수술할 때 사용하는 수혈용 혈액은 사용하기 전에 세슘137 방사선을 쬡니다. 수혈용 혈액은 혈액형이 똑같아도 백혈구의 형태는 다르기 때문에 수혈한 혈액에 포함된 백혈구가 수혈을 받는 사람의 세포를 공격하려고 합니다. 그런 사태를 방지하기 위해 방사선을 쬐어서 백혈구를 불활성화시키는 것입니다. 세슘137의 생성은 간단하며 값싸게 방사선을 쬘 수 있기에 폭넓게 이용됩니다.

세슘137은 암 치료에도 이용됩니다. 성대에 암이 생겼을 경우 수술로 제거하면 목소리를 잃게 됩니다. 그래서 작은 종양이라면 방사성 물질을 종양에 집어넣어서 암세포를 방사선으로 퇴치하는 치료법이 실용화됐습니다. 세슘137은 반감기가 길어서 이런 치료법에 적당합니다. 발암의 원인이며 사람들이 두려워하는 세슘137이 암 치료에도 사용된다는 사실은 약간 아이러니합니다.

세슘이 의료계에서 사용된다고 할 때는 세슘137의 방사능을 말합니다. 다만 방사능을 갖지 않는 보통의 세슘133은 원소 자체가 인체에 독성을 일으킵니다.

바륨은 맹독이다

2족

왼쪽에서 두 번째 줄의 3주기인 마그네슘과 4주기인 칼슘은 인체가 적극적으로 이용하는 원소입니다.

많이 알려져 있지 않지만 5주기인 스트론튬도 뼈 속에 존재합니다. 원전 사고에서는 방사성 스트론튬이 문제가 됐지만 방사능을 갖지 않는 보통의 스트론튬에는 독성이 없습니다.

한편 6주기인 바륨(Ba)은 인체에는 거의 존재하지 않습니다. 그래서 바륨이 체내에 들어오면 바륨 중독을 일으켜 호흡이 곤란해지고 사망에 이를 수 있습니다. 주기율표에서 인체가 자주 사용하는 원소 아래에 독성 원소가 있다는 법칙이 여기에도 잘 들어맞습니다.

바륨이 강한 독성을 가졌다는 사실이 의외라고 느껴질 것입니다. 의료 검사에서 위벽의 형태를 엑스레이로 촬영하는 용도로 바륨이 꽤 널리 이용되기 때문입니다. 제 말을 듣고서 '그렇게 무서운 원소라니 검사할 때 바륨은 절대로 마시고 싶지 않네.'라고 생각하는 분도 있겠지요.

하지만 검사에서 사용하는 것은 황산바륨이라는 화합물입니다. 이것은 물이나 산에 녹지 않기 때문에 마셔도 위벽에서 흡수되지 않습니다. 따라서 마신 황산바륨은 그대로 위장을 통과해서 변과 함께 배출되니 바륨 중독을 일으킬 위험은 없습니다. 다만 바륨을 단독의 이온 상태에서 마신다면 목숨이 매우 위험합니다(물론 그것을 마시게 할 병원도 없겠지만).

3족에서 11족까지는 전이원소이고 12족부터는 다시 전형원소입니다. 12족의 아연, 카드뮴, 수은에 대해서는 설명했으니 13족부터는 빠르게 체크해보겠습니다.

13족

3장에서 설명했지만 2주기인 붕소는 양성자와 중성자의 숫자의 관계 때문에 우주에서는 원래 소량밖에 존재 하지 않고, 그렇기 때문에 인체도 적극적으로 이용하지 않습니다. 3주기인 알루미늄 이후의 원소도 인체는 거의 사용하지 않아서 13족은 법칙의 대상에서 벗어납니다.

14족

2주기인 탄소는 인체의 형체를 만드는 기본적인 원소이지만 3주기인 규소는 인체에는 미량밖에 존재하지 않습니다.

규소는 원래 암석 속에 풍부하게 존재하지만 물에 녹지 않아서 체내에서 화학반응을 일으키지 않아 인간이 이용하고 싶어도 이용할 수 없습니다. 건강에 도움을 주지도 않지만 그렇다고 해를 끼치지도 않습니다. 즉 독도 아니고 약도 아닙니다. 이것도 법칙의 대상에서 벗어납니다.

15족

2주기인 질소, 3주기인 인은 인체에 풍부하게 존재하며 인간이 살아가기 위해 적극적으로 이용합니다.

그러나 아시다시피 4주기인 비소(As)에는 독성이 있습니다. 와카야마에서 일어난 카레 독살 사건 때도 비소로 소중한 생명을 잃었습니다.

5주기인 안티모니(Sb, 안티몬) 역시 맹독으로 실제 살인사건에 사용됐습니다. 가장 유명한 것은 1853년 영국에서 일어난 윌리엄 파머 의사가 벌인 보험금 살인 사건입니다.

그는 아내와 형제에게 생명보험을 걸어놓고 안티모니를 사용해서 독살하고 보험금을 편취하려고 했습니다. 이 사건을 계기로 영국은 함부로 보험금을 타낼 수 없도록 법률까지 만들었습니다.

이 법률은 범인의 이름을 따서 파머법이라고 부릅니다.

15족에서도 자주 사용하는 원소의 바로 아래 원소는 독성이 있다는 법칙이 잘 맞아떨어집니다.

16족

16족 중 2주기인 산소와 3주기인 황은 인체가 적극적으로 이용하는 원소입니다. 문제는 그 아래에 위치한 셀레늄(Se, 셀렌)입니다.

셀레늄은 파, 현미, 귤, 멸치에 함유된 미량 원소로 비타민 E의 약 500배의 항산화력이 있으며, 암과 동맥경화 예방, 갱년기 장애 증상을 개선하는 데 도움을 줍니다. 이 때문에 셀레늄은 인체에 꼭 필요한 원소입니다.

하지만 셀레늄을 대량으로 섭취하면 오히려 암을 유발하며 고혈압과 백내장의 원인이 됩니다. 즉 인체에 유익한 원소와 유해한 원소의 경계에 셀레늄이 있다고 할 수 있습니다. 실제로 주기율표에서 셀레늄의 아래에 위치한 텔루륨(Te, 텔루르)에는 독성이 있습니다.

제 입장에서는 법칙의 본질적인 부분은 맞았다고 생각하지만 독자들의 반발을 살 수 있으니 여기서는 비겼다고 판정하겠습니다.

17족

17족 중 3주기인 염소와 5주기인 아이오딘(I)은 인간이 적극적으로 이용하는 원소입니다. 하지만 주기율표에서 아이오딘의 아래에 위치하는 6주기의 아스타틴(At)은 인공적으로 합성된 원소이며 자연계에는 거의 존재하지 않습니다. 이 때문에 독성이 있다 없다 하는 논의는 무의미합니다. 그러니 법칙에 대해서는 17족도 판정의 대상에서 벗어납니다.

18족

주기율표에서 가장 오른쪽에 위치하는 18족의 원소는 6장에서 자세히 설명했지만 희유 기체라고 불리며 화학반응을 거의 일으키지 않습니다. 이 때문에 생명에게는 완전히 독도 아니고 약도 되지 않습니다. 이것도 법칙의 대상에서 벗어납니다.

전이원소는 가로 줄의 성질이 비슷하다

3족에서 11족까지를 점유하는 전이원소는 주기율표의 세로 방향이 아니라 가로 방향으로 원소의 성질이 비슷합니다. 때문에 주기율표를 사용하는 경우에도 상하가 아니라 가로 방향의 공통성에 주목해야 합니다. 전이원소가 건강에 유익한지 독이 되는지, 즉 전이원소가 인체에 미치는 효과에서도 예외는 아닙니다. 가로 한 줄의 성질이 거의 비슷하다고 봐도 괜찮습니다.

전형원소에 대해서는 족별(세로 방향)로 원소를 살펴봤지만 전이원소는 주기별(가로 방향)로 원소를 살펴봐야 합니다.

4주기의 전이원소는 스칸듐(Sc), 타이타늄(Ti), 바나듐(V), 크로뮴(Cr), 망가니즈(Mn), 철(Fe), 코발트(Co), 니켈(Ni), 구리(Cu)입니다.

이 중에서 인체에 가장 중요한 것은 말할 나위 없이 철입니다. 3장에서 설명했지만 철은 적혈구에 포함된 헤모글로빈의 재료로, 이것이 없으면 산소를 온몸에 내보낼 수가 없고 빈혈이 생깁니다. 그리고 세포 분열에도 철은 반드시 필요하기 때문에 철이 부족하면 목이나 위장의 점막처럼 세포 분열이 활발한 부위에 지장이 생깁니다.

다음으로 중요한 것이 구리인데 이것이 부족하면 빈혈이 생깁니다. 나아가 뼈와 동맥에도 이상이 생기고 뇌 장애도 일어납니다.

코발트는 비타민 B_{12}를 구성하는 원소로 이것 역시 부족하면 빈혈이 생깁니다.

이처럼 4주기의 모든 전이원소는 대체적으로 인체가 미량을 필요로 한다고 파악해두면 편리할 것입니다.

5주기의 전이원소는 이트륨(Y), 지르코늄(Zr), 나이오븀(Nb, 니오브), 몰리브데넘(Mo, 몰리브덴), 테크네튬(Tc), 루테늄(Ru), 로듐(Rh), 팔라듐(Pd), 은(Ag)입니다. 마지막의 은 이외에는 친숙하지 않은 원소들일 것입니다. 5주기의 전이원소는 모두가 인체에 약한 독성을 갖고 있다고 생각하면 맞습니다.

유일하게 주의해야 할 것은 몰리브데넘입니다. 몰리브데넘은 인체에 필수적인 원소로, 체내에서 활동하는 효소의 활성 부위에 존재합니다. 다만 인체에 필요한 몰리브데넘은 하루당 겨우 0.02밀리그램, 즉 1그램의 겨우 5만분의 1에 지나지 않습니다.

몰리브데넘도 약하긴 하지만 기본적으로는 독성이 있는 원소입니다. 그래서 5주기의 전이원소는 인체에 대해 약한 독성을 갖고 있다는 법칙은 몰리브데넘에도 들어맞습니다.

6주기인 전이원소는 얼핏 보면 전부 여덟 개라고 느껴지겠지만, 5장에서 설명해드렸듯이 원자번호 57에서 71까지의 란타넘족이 칸 밖에 적혀 있어서 사실은 스물세 개나 됩니다. 란타넘족은 요새 산업계의 주목을 받고 있는 희토류입니다. 6주기 원소의 이름들이 거의 낯설지만 그나마 그중에서 가장 많이 접한 것은 텅스텐(W), 백금(Pt), 금(Au) 정도입니다.

이들 원소 모두 우주에서의 존재량은 극히 적고 인체는 필요로 하지 않습니다. 중금속이라서 어느 정도 독성이 있을 것 같지만 다들 인체를 그대로 통과해 나가니 독성이라고 할 수도 없습니다.

다만 인체에 미치는 영향에 대해서는 애초에 연구할 의미가 없고 실제로 연구도 거의 이루어지지 않습니다. 백금의 화합물인 시스플라틴이 항암제라는 점, 금의 화합물이 만성 류머티즘 관절염 치료제에 사용된다는 점만 알면 그걸로 충분합니다.

이번 장에서는 전형원소에서 보이는 '자주 사용하는 원소의 바로 아래에 있는 원소는 독성이 있다'는 법칙과 '전이원소의 가로 한 줄은 대체로 비슷한 성질을 갖고 있다'는 법칙에 대해서 설명했습니다.

원소에 관한 건강 정보를 일일이 따로따로 외우려면 너무 복잡하고 지루합니다. 하지만 주기율표를 토대로 분류하면 굉장히 깔끔한 형태로 건강 정보를 익힐 수가 있습니다. 이런 식으로 파악하면 편리하지만, 한 걸음 더 나아가 원소와 인체가 맺는 관계의 본질에 다가가려는 노력도 잊어서는 안 됩니다.

일상생활 속에서 원소와 접촉할 기회가 있으면 부디 그때마다 주기율표를 체크해보세요. 단편적이었던 지식이 주기율표의 가로 줄과 세로 줄에 의해 잘 꿰어질 것입니다.

원자의 조합에 지나지 않는 화합물과는 달리 원소는 지구 상에 보편적으로 존재합니다. 인류가 언제까지 번영할런지는 모르지만 적어도 태양이 적색거성이 돼서 팽창하는 50억 년 후에는 지구 상의 생명은 모두 죽음에 이르겠지요. 하지만 그 이후에도 우주가 존재하는 한 원소는 계속 원소로 존재합니다. 이런 원소의 우주적 스케일을 이야기하고 싶은 마음에 이 책을 집필했습니다.

"주기율표의 본질은 과학이 도달한 만다라다." 이것이 제가 마지막으로 전하고 싶은 말입니다.

이전에 네팔을 여행했을 때 티베트 불교 사원에서 거대한 만다라 벽화와 만났습니다. 물끄러미 바라보고 있자니 마음속에서 웅크리던 잡념이 싹 사라져 뭐라 표현할 수 없는 편안함과 온화함을 느꼈습니다.

승려로부터 만다라란 조화를 이룬 우주의 모습을 그린 것이라는 설명을 들었습니다. 만다라에서는 불상의 배치가 가로와 세로 양 방향으로 깔끔하게 균형이 잡혀 있습니다. 그 세계관이 주기율표와 절묘하게 겹쳐진다는 사실에 놀랐습니다. 어쩌면 우주의 진리를 탐구해나가다 보면 최종적으로는 이런 모습이 되는 것이 필연일지도 모르겠습니다.

이 책을 다 읽은 지금은 주기율표가 단순한 원소의 일람표가 아니라는 점을 알게 되었으리라 생각합니다. 정확한 관점을 가지고 주기율표를 바라보면 우주와 생명의 신비를 생생한 형태로 읽을 수 있습니다. 아주 조금이라도 그만큼 인생이 풍요로워질 것입니다. 나아가 주기율표에 애정을 가지고 보면 만다라를 바라봤을 때와 마찬가지로 세속의 고민과 스트레스로부터 우리의 마음이 해방될지도 모릅니다.

저는 학회의 동료 연구자들에게 제안해서 주기율표의 매력을 널리 일반인들에게 전하는 조직을 만들기 시작했습니다. 제가 출연하는 문화방송의 라디오 프로그램에서도 시리즈로 만들어서 청취자로부터 큰 반향을 얻었습니다. 그 청취자 중의 한 사람이 고분샤신쇼(光文社新書) 편집부의 미노 지사토(三野知里) 씨였는데, 미노 씨의 노력으로 이 책이 탄생했습니다. 이 자리를 빌어서 감사의 말씀을 전하고 싶습니다.

최근에는 사회인들 사이에서도 적극적으로 공부하려는 사람들이 늘어났습니다. 성인들도 생생한 지식을 효과적으로 얻으려면 두근거리는 감동을 느껴서 뇌를 자극해야만 합니다. 그러기 위해서는 과학이 가지는 즐거움을 마음 깊은 곳에서 만끽하는 것이 필요합니다. 여러분에게 이 책이 그런 한 권이 될 수 있다면 저로서는 최고의 기쁨일 것 같습니다.

찾아보기

옮긴이 박현미

고려대학교 일어일문학과와 동 대학원을 졸업했다. 한국해양연구소, 세종연구소 등에서 번역연구원으로 활동했다. 옮긴 책으로는 『가끔은 까칠하게 말할 것』『나 홀로 미식수업』『왜 부자들은 장지갑을 쓸까』『행복하게 일하는 법』『청춘의 문 1~7』『도전하는 30대, 공부하라』『경영은 전쟁이다』 등이 있다.

주기율표로 세상을 읽다

1판 1쇄 2017년 3월 30일
1판 8쇄 2023년 8월 4일

지은이 요시다 다카요시
옮긴이 박현미
펴낸이 김정순
편집 허영수
디자인 김진영
마케팅 이보민 양혜림 정지수

펴낸곳 (주)북하우스 퍼블리셔스
출판등록 1997년 9월 23일 제406-2003-055호
주소 04043 서울시 마포구 양화로 12길 16-9(서교동 북앤빌딩)
전자우편 henamu@hotmail.com
홈페이지 www.bookhouse.co.kr
전화번호 02-3144-3123
팩스 02-3144-3121

ISBN 978-89-5605-803-0 03430

해나무는 (주)북하우스 퍼블리셔스의 과학 브랜드입니다.